U0930566

重塑自我

如何成为一个很幸福的人

〔加拿大〕尼尔·帕斯理查——著
王凯——译

The Happiness Equation

Want Nothing
+
Do Anything
=
Have Everything

江苏凤凰文艺出版社
JIANGSU PHOENIX LITERATURE AND ART PUBLISHING, LTD

图书在版编目（CIP）数据

重塑自我：如何成为一个很幸福的人 / (加) 尼尔·帕斯理查 (Neil Pasricha)著；王凯译. -- 南京：江苏凤凰文艺出版社, 2017.2（2017.3重印）
书名原文: THE HAPPINESS EQUATION
ISBN 978-7-5399-9821-3

Ⅰ. ①重… Ⅱ. ①尼… ②王… Ⅲ. ①成功心理－通俗读物 Ⅳ. ①B848.4-49

中国版本图书馆CIP数据核字（2016）第299080号

著作权合同登记号：01-2015-575

书　　名	重塑自我：如何成为一个很幸福的人
作　　者	尼尔·帕斯理查
译　　者	王　凯
图书策划	孙文霞
责任编辑	邹晓燕　黄孝阳
出版发行	凤凰出版传媒股份有限公司
	江苏凤凰文艺出版社
出版社地址	南京市中央路 165 号，邮编：210009
出版社网址	http://www.jswenyi.com
发　　行	北京时代华语图书股份有限公司　010-83670231
经　　销	凤凰出版传媒股份有限公司
印　　刷	三河市宏图印务有限公司
开　　本	880 × 1230 毫米　1/32
印　　张	9.5
字　　数	300 千字
版　　次	2017 年 2 月第 1 版　2017 年 3 月第 3 次印刷
标准书号	ISBN 978-7-5399-9821-3
定　　价	45.00 元

如潮的好评

“轻描淡写之间，尼尔将复杂的思想表达得深入浅出、通俗易懂。这绝对称得上是一本亲和质朴、妙趣横生、简单实用的好书。阅读这本书时，我迫不及待地想把它推荐给我认识的每一个人！”——克里斯·哈德菲尔德上校，国际空间站前指令长、《宇航员的地球生活指南》一书的作者

“《重塑自我：如何成为一个很幸福的人》将对你的职业生涯和个人生活产生不可估量的影响！”——谢家华，Zappos 首席执行官、《奉上幸福》一书的作者

“尼尔·帕斯瑞查的又一全新力作！如果说他的畅销书《生命中最美好的事都是免费的》是对美好的观察，那么，《重塑自我：如何成为一个很幸福的人》一书就是对美好的践行。做好大快朵颐的准备吧！尼尔将为你奉上一顿前所未有的幸福盛宴！”——弗兰克·沃伦，《寄出秘密》一书的作者

“尼尔·帕斯瑞查是下一代人的人生导师！在《重塑自我：如何成为一个很幸福的人》中，幸福不再是那么地遥不可及。只消按照他所给出的科学方法，你定能以最少的时间投入获取最丰厚的回报！”——肖

恩·阿克，《幸福竞争力》一书的作者

“读完了《重塑自我：如何成为一个很幸福的人》这本书，我彻底折服了。只需短短两个小时的时间，尼尔的九条秘诀就能彻底改变你的思维、心态和行为！快来阅读这本书吧——这将是你花过的最物超所值的 20 美元！”——肯·布兰佳，《新一分钟经理人》和《重新开火！别退休》的作者之一

“只要尼尔一开口，所有领导者——不管是什么级别、什么背景——都会停下手边的一切……洗耳恭听。”——霍华德·毕哈，星巴克前总裁

“上个世纪是戴尔·卡耐基的时代，上个十年是史蒂芬·柯维的时代，但今天是尼尔·帕斯瑞查的时代。《重塑自我：如何成为一个很幸福的人》就如同是一张行程两小时的车票，带着你踏上改变人生的旅程。”——苏珊·凯恩，《安静》一书的作者、宁静革命网站的创始人之一

“这是我所读过的一本把幸福诠释得最为精妙的书！当所有人都觉得幸福‘远在天边’时，他却反其道而行之。以他之见，幸福就‘近在眼前’！”——马歇尔·戈德史密斯，《管理中的魔鬼细节》一书的作者之一

这本轻松愉快、引人入胜的书为读者提供了许多抵达幸福的常识性建议，必将改变你的生活模式和生活习惯。——史蒂夫·雷尼蒙德，百事公司前总裁兼首席执行官、维克森林大学商学院前院长

“尼尔的新作《重塑自我：如何成为一个很幸福的人》既像一场伟大的盛宴，又宛若一场令人心驰神往的旅行，帮助我找到并且一一

攻克了横亘在幸福路上的障碍。他妙趣横生的写作风格亲切、温和，提出的建议全无半点那种所谓的自助方法所具有的矫揉造作和牵强附会。”——弗朗西斯科·切法鲁，四季度假酒店市场拓展部经理

“《重塑自我：如何成为一个很幸福的人》告诉我们如何按照自己的想法生活。这是一本令人叹服、务实有效的行动之书。我愿意把它推荐给我所认识的每一个人。”——邓肯·马克·诺顿，沃尔玛前首席采购官

“尼尔·帕斯瑞查的这本书既没有华丽的辞藻，又没有主观的评判，可他是如何像用了不计其数的格言警句般给人以醍醐灌顶之感的呢？这一点我搞不明白，但他的确是做到了，不愧是当下的生活大师。我超爱这本书！”——克里斯·吉尔博，《100 美元的创业》一书的作者

“尼尔具有开创历史的魄力。他以独特的思想向人们传授着如何更加幸福、更有目标地活着的理念。他了解读者内心的能力不仅对他们产生了巨大的影响，还改变着他们的生活。在这本《重塑自我：如何成为一个很幸福的人》中，他像个朋友似的娓娓道来，以直接、有趣的方式告诉人们该如何真正过上充实的生活。幸福与自由既不是遥不可及的，也不是贵不可言的。这本书就犹如一盏长明灯为我们指引着正确的方向。——布鲁·潘·提普，世界上最大的探险旅行公司 G Adventure 的创始人、首席执行官，《环形尾巴》一书的作者

“世界级的幸福就要来了，你准备好了吗？这本伟大的书就是你有力的向导。”——罗宾·夏玛，《唤醒心中的领导者》一书的作者

“这次，一向身手不凡的尼尔·帕斯瑞查利用他敏锐的观察力和提升领导力的丰富经验对幸福进行了全新的解读。本书明快、实用、发人深省，为我们开辟了一条通往幸福的道路。”——格雷琴·鲁宾，《幸

福计划》一书的作者

“带着谦逊的幽默和无比的坦诚，尼尔将从个人经验中获得的洞见分享在了这本使人爱不释手的书中。无论你是瞬间融入他的故事还是时刻保持着旁观者的身份，这些简单的法则都始终与你同在。它们就犹如明亮的灯塔，指引着你走向更有目标、更有成就的生活。”——艾梅·钱德，阿里巴巴集团英国总经理，世界女童军协会董事会成员

“尼尔参加了奥迪管理团队的全美行。其中，他的幸福课程是整个行程最大的亮点，不仅吸引了经销商的合作伙伴，还鼓舞了员工的士气。他的话可谓是字字珠玑、发人深省，受到了几乎 100% 的好评。听他的话，准没错！”——彼得·多尼兰，奥迪美国公司售后经理

“《重塑自我：如何成为一个很幸福的人》是《每周工作四小时》和《幸福计划》的完美结合，是一本不可思议的好书。初读时，它会告诉你节约时间的窍门，但读到最后才恍然大悟，原来这是一本有关幸福生活的秘籍。尼尔不愧是一位幸福大师。还在犹豫什么，赶快先睹为快吧！”——比尔·马歇尔，多伦多国际电影节创始人之一

“照顾病人期间所感受到交往、信任、疗伤、欢笑、友情、悲伤以及脆弱都是值得细细品味与欣赏的。但黯然神伤时，我们的眼睛却被蒙蔽了。所以，尼尔的书对医疗行业是大有裨益的。他的人生哲学越是具有穿透力，我们就越是能够亲眼见证到满足、美德与长寿。”——马克·夏皮洛医生，夏普健康医疗公司

“感受幸福是人生中最大的挑战。《重塑自我：如何成为一个很幸福的人》这本书不仅介绍了人们所熟知的提升幸福的方法，还以科学研究和普通常识为基础介绍了很多全新的手段。读这本书就像是与尼尔促膝长谈。书中的秘诀不仅简单易懂，尼尔生动的讲解和满腔的热情也使

我们顿生想要立刻行动起来的冲动。”——芭芭拉·安·基普弗，《14000件让人快乐的事情》一书的作者

“尼尔·帕斯瑞查带着我们踏上了一段发现自我的神奇之旅。易读+实用=最好的幸福秘籍。”——吉姆·汤普森，沃尔玛中国区首席运营官

“尼尔·帕斯瑞查为我们创作了这本人生手册。每天，我们的大脑被塞入了大量的信息，使我们难以辨别什么才是真正重要的东西，什么才是可以赋予我们快乐的东西。在书中的每一页上，在每一条简单的生活窍门中，尼尔编织着一个个美丽的故事。于是，在这些人生工具的帮助下，我们学会了如何选取合适的视角、如何选取合适的信息，去发现世界中那尚未消亡的美好。真心为尼尔喝彩。谢谢大家。”——大卫·海伊，美林银行前总经理

“你知道你那个聪慧的朋友吗？就是那个当你需要崭新的希望、不同的视角、需要有个人支持你去做、去想对你大有裨益的事的时候，第一时间打电话给他/她的那个人？阅读这本书就如同是与你的这位好友把酒言欢。”——德鲁·杜德利，微妙领导力首席执行官

“假如你想即刻实现自己的梦想，而不是等到5年、10年或20年以后，那就赶快购买《重塑自我：如何成为一个很幸福的人》吧。读完这本书后，你的生活一定会有所改变，变得更加的富有成就，即使是像我这种80多岁的糟老头子也不例外！”——罗伯特·赖特，泰克资源有限公司前总裁

“尼尔提炼幸福的技术可谓是炉火纯青。他的这部力作既文风清丽，又不失实用之用；既令人感激涕零，又激起了人们追求幸福生活的欲望。”——乔丹·艾克萨尼，Triplust首席执行官

“我一辈子都在和与关系相关的数学打交道，但这本书所阐述的科学却是我在 OkCupid 所从未遇到过的：这就是人与自己的关系。这本书就如同是一位出色的向导，指引着我们竭尽所能地与自己保持一种紧密、和谐的关系。”——克里斯蒂安·鲁德尔，OkCupid 约会网站首席执行官，《数据灾难》一书的作者

“幸福至上。我们中的大多数人恐怕都不知道该如何实现这个天方夜谭般的目标。但尼尔却把握了它的精髓。”——赛斯·高汀，《轮到你时该怎么办》一书的作者

“想要幸福吗？那就使出浑身解数，在这本书里盗宝吧。”——奥斯丁·克莱恩，《像艺术家一样盗取灵感》一书的作者

我希望你每天都
可以发自内心的放声大笑

我记得，几年前在加拿大多伦多的沃尔玛工作时，一位中国同事激动地冲我叫道："尼尔，过来，过来，快过来看！"

我走到她的电脑屏幕前时，映入眼帘的是我的处女作《生命中最美好的事都是免费的》的一张图片，四周满是密密麻麻的汉字。"这是怎么回事？"我问道。"难道你看不出来吗？对你这本书的中文评论有数千条！读过你的书后，全中国的人都在谈论有关愉悦、快乐和幸福的话题。他们在热议中国人自己的美好呢。"

是啊，我在想，在他们的心目中，美好的事情有哪些呢？

又是什么赋予他们幸福感的呢？

数年来，诸如此类的问题始终萦绕在我的脑海中。几经人生的起起伏伏我才最终找到问题的答案。

记得结婚刚刚两年时，我的妻子突然对我说她不再爱我了，要求和我离婚。当时，我真切地感受到撕心裂肺的痛，整个人都垮了。仅仅几周之后，更加糟糕的事情发生了。我最好的朋友自杀了。历尽这些不堪回首的往事，我写成了《生命中最美好的事都是免费的》这本书，还在TED 演讲中就幸福的话题发表了题为《美好生活的三个秘诀》（“The 3 A’s of Awesome”）的演说。

变卖房产、在另一座城市落脚、结识新的朋友。在经过很长一段的调整后，我才又重新收拾好杂乱的心情，恢复了对生活的信念。又过了几年，我爱上了一位漂亮的姑娘。她叫莱斯莉，是加拿大的一名小学老师。后来，我们俩订了婚、结了婚，还一起在巴厘岛度了蜜月。在返程的飞机上，莱斯莉告诉了我她怀孕的喜讯。（在机场中途逗留时，她买了验孕棒。在机舱狭窄的厕所里验过孕后，她告诉了我这个好消息！）

一想到就要身为人父，我的内心随即告诉我，幸福是我所要留给孩子的很大一笔遗产。这时，我不禁又回想起了那个很大的问题：是什么给予了人们幸福感呢？这个问题的答案是否可以归纳为我们日常生活所使用的具体而又可量化的体系呢？

我迫不及待地希望找到其中的奥秘，因为我知道，成功并非我们所想的那样是一条通向幸福的坦途。《生命中最美好的事都是免费的》大获成功！可我的内心仍然在不停地挣扎。于是，我就开始观察那些经济上的成功人士，比如首席执行官、银行家还有医生，并且发现他们中的很多人都是不幸福的。我读了大量有关幸福的书籍。可越读，我越感到摸不着头脑。究竟什么是幸福呢？我们又该如何得到幸福呢？

为了开始写那封信，我深入研读了300 多项积极心理学方面的研究。最终，竟洋洋洒洒地写成了这本书。此外，我还亲自进行调研，采访了数百名来自各个学科门类的领导者，以便发现使他们获得幸福感的原因所在。

目前，我们已知的基本因素主要包括财产、健康、福利、在努力工作中寻找人生的目的、保持良好的人际关系以及发展人脉。比如，与亲友好友共进晚餐，或者在随便什么地方美美地睡上一觉都可以给人以幸福感。

但除此之外，我们还有什么获得幸福的途径呢？

这本书就包含了我对这个问题的解答。归根结底，这本书的核心思想在于，逆向思维是获得幸福的关键。

按照我们习惯的想法，幸福感是这么产生的：

工作出色→巨大成功→幸福

但实际情况却是：

幸福→工作出色→巨大成功

不过，好在幸福是可以习得的！通过坚持不懈的应用和实践，这种技能可以将我们的生产力提高 31%，将我们的销售额提高 37%，将我们的创造力提高 300%。

不管你是来自深圳还是上海，不管你是来自成都还是重庆，我都衷心地希望你可以像我一样将这九条幸福秘诀应用到你的生活中去。

最后，请允许我从加拿大向所有中国读者表达最诚挚的问候。

尼尔

序

我只想满足你想要幸福的愿望

十多年来，我一直在乐此不疲地发展我的读者群。

我的人生经历可谓是精彩绝伦：我的足迹遍及全球，向成千上万的人演讲如何培养领导力；与中东的皇室家族共进晚宴；和哈佛大学的院长同席；担任过诸如奥迪、维亚康姆（Viacom）以及通用电气等大集团的领导力顾问。

此外，我还曾位居沃尔玛领导力发展部的主任，采访过不计其数的亿万富翁，在世界上最大的公司里担任过两名首席执行官的直接下属。

然而，在这么多年成功地帮助个人、公司以及集团实现领导力的提升后，我开始慢慢对生活有了些许不同的感悟。

我渐渐意识到，几乎人人都缺乏幸福感。

可以说，所有的会议午宴都是怨声载道。有人在维持家庭与事业的平衡中进退维谷，有人为生活的忙碌左右为难，还有人始终走在追赶别人的路上。

数不胜数的领导者哀叹没有生活的空间，在时间与金钱面前不堪重负，没完没了的抉择以及相互矛盾的“建言献策”压得他们透不过气来。

即使是世界上最优秀的领导者——包括亿万富翁和《财富》全球500强的首席执行官——也难逃生活的折磨，他们一天到晚饱受危机的困扰，在巨大的压力下，他们吃不香、睡不着，简直犹如热锅上的蚂蚁。

渐渐地，我意识到自己和他们其实并没有什么两样。

为此，我在苦苦地探寻如何以简单的思维加以取舍，如何以有效的体系缓解压力，以及如何以可行的准则舒缓艰难抉择所导致的苦闷。

我始终在想，有没有哪一刻我不是在尚未完成工作的自责中度过的呢？有没有哪一周我不是累得筋疲力尽的呢？似乎这世界上总有无数棘手的抉择，使我的内心难得一刻的清闲。

现在回想起来，我简直不敢相信我虚度了多少宝贵的时光。

俗话说，天天好心情，事情自然成。其实，无论是全职妈妈，还是求学读书，抑或是出国旅行，都是同样的道理。

学校教会了我们很多，但唯独没有教会我们如何训练我们的大脑保持积极的思维，坦然地面对人生的起伏。我的意思是，你有没有修过一门叫作“幸福密码”的人生必修课呢？

在过去几年的夏天里，我连续给高中生办了几期工作坊。每期工作坊为期一个月（7月），堪称世界级的集训营。这些学生都是他们学校的尖子生，是大多数学生社团的积极分子。

毫不夸张地说，他们注定就是常青藤的料。这些学生非常喜欢这个活动，因为他们可以结识许多趣味相投的人并和他们有所互动。谈到为什么办工作坊，其实原因很简单，我上高中时就曾经是这种活动的受益者。

一开始，我并没有刻意准备什么，既没有教案，也没有幻灯片，但渐渐地，这种天马行空式的漫谈不知不觉演变成了一场以“幸福生活的九种秘诀”为主题的演说。

讲完后，学生们纷纷向我提问。他们的每一个问题都使我备感意外，没有一个是关于如何拿高分，如何被顶尖大学录取，如何谋求高薪职业的，因为他们深知这些根本算不上什么难题。反倒是在每一个问题的背后，都潜藏着一颗渴望幸福的心。

“挣多少钱足以使我安度晚年？”“如何坦然面对批评的声音？”“如何以轻松的心态成就一番事业？”“怎样才能找到真正的兴趣所在？”“怎样克服内心的焦虑？”“有什么样的方法可以工作、生活两不误？”“面对不同的声音该如何取舍？”“如何成为一个积极的人？”

提问的环节令我眼界大开。我惊奇地发现，一些高智商的孩子并不在乎智力的开发和技术天赋的培养。他们真正需要的是**满足**……**自由**……和幸福。他们真正渴望的是**无欲无求**……**竭尽所能**……和**坐拥一切。**

总之，他们的愿望很单纯，那就是拥有一份幸福的生活。

至此，你肯定以为，每一所学院、每一座大学以及每一间图书馆里都满是形形色色的课程和林林总总的心灵鸡汤，不仅可以将幸福的密码传授给我们，还可以帮助我们做出正确的抉择并激励我们投入到积极的行动中去。

我曾经问过一位酒店业的首席执行官是否了解有什么样的书、什么样的模式、或者什么样的网站可以帮助人们轻松抉择，这样一来，他们就再也不必为此而烦恼，可以尽情地享受那份满足、自由和幸福。

他回答道："世界上是不可能有这样一本书的。这就好比是让所有大权在握的首席执行官、成功人士以及积极的领导者将他们一辈子的心路历程凝结在一本书中。这绝对是史无前例的创举。"

我相信此言不虚，因为为了从一本书中寻找到通向幸福的道路，我已然苦苦求索了数年之久。我想要的不是什么名人逸事、格言警句，也不是什么科研数据，而是一本讲得真真切切、实实在在、明明白白的书，一本可以在生活中用得上的书。

这就是这本书的来历。

尼尔·帕斯瑞查

如何娴熟的让本书为你所用

三、放轻松，接受一些新观点。

第一次翻看这本书时，你也许对书中的九种秘诀并不能完全认同。没关系，这都是在意料之中的。不过，请你谨记的是，只要愿意，每个人的大脑都有接受新鲜事物的能力。

在神经可塑性（neuroplasticity）风靡前的 100 年，美国哲学家威廉姆·詹姆斯（William James）就曾谈道：“宽泛地讲，可塑性指的就是一种结构。在影响的作用下，这种结构会发生改变，但却不会产生质变。”

二、在不同的场合读它。

花一个晚上的时间一口气读完这本书是无可非议的。然而，假如你能够采取移步换景的方法阅读，可能会更有心得。

你可以在人声嘈杂的机场读，可以在阳光充沛的海滩读，还可以在关灯睡觉前读。不同的空气、味道和声音不仅会引起对大脑的刺激，而且，不同的场所也会带给你不一样的阅读体验，轻松地勾起你对阅读的回忆。所以，无论你走到哪里，请不要忘记带着这本书。

一、给自己一个七天计划。

当你下定决心亲身体验书中的诀窍时，请你拟定一个七天的挑战计划，并在日历上写下每天要完成的任务，然后付诸实践。

假如你在七天之内实现了预期目标，请戒骄戒躁，这仅仅说明你完成了七天的任务。接下来，你要继续制订并完成下一个七天的计划直至这成为你生活中的一种习惯。

这正恰如亚里士多德（Aristotle）所言：“重复的行为造就了我们。卓越不是一种举动，而是一种习惯。”

目录

无欲无求

秘诀之一　幸福之前你必须做的第一件事

秘诀之二　不为批评所动的秘密

秘诀之三　甩掉难熬日子里的坏心情

竭尽所能

秘诀之四　完全错误的梦想

秘诀之五　如何才能赚得比哈佛的 MBA 还多

秘诀之六　如何摆脱繁忙的生活

坐拥一切

秘诀之七　如何将最大的恐惧转化为最大的成功

秘诀之八　轻松掌控最为重要的人际关系

无欲无求

知足不辱，知止不殆，可以长久。

——老子

真正的幸福即是享受当下，哪管前路是欢是悲；
真正的幸福即是知足常乐，莫念前程是喜是忧。
知足者，无欲无求也。人之幸事，即在自身、
即在近处。聪慧之人，无论命运臧否，欣然纳之，
不奢望、不强求。

——塞涅卡

你不可能拥有一切，因为你根本无处安放一切。

——史蒂文 · 赖特

秘诀之一

幸福之前你必须做的第一件事

第一节

获取幸福的正确顺序

我们还是先来听听坏消息吧。

事实上，我们从小被灌输的幸福观是极其落后的。

我们误以为，努力工作的目的就是取得成功，然后收获幸福。

我们误以为，幸福的来源就在于：

工作出色→巨大成功→幸福

努力学习！→得全优！→幸福！

多面试！→好工作！→幸福！

加班！→晋升！→幸福！

然而，在现实生活中，这种模式却未必行得通。往往是在出色地完成了工作，又取得了巨大的成功之后，却并没有如愿以偿地收获幸福，而是又有了新的目标。

于是，为了下一份工作、下一个学位、下一次晋升，我们夜以继日地拼命学习。既然有机会攻读硕士学位，何不再努一把力呢？既然有机会晋升副总裁，何必在区区一个部门主管的职位上耗费一生呢？既然有机会买两套房子，又何必为一套房子沾沾自喜呢？

周而复始，幸福离我们越来越远，最终变得遥不可及。

那么，假如把该模式中的“幸福”调换一下位置，放在最前头，会出现什么样与众不同的效果呢？刚才的六字箴言变成了：

幸福→工作出色→巨大成功

于是，**一切**都变了，变得和从前不一样了。站在幸福的起点上，我们精神振奋、面貌一新、强身健体、广结人脉。

接着，意想不到的事发生了。振奋的**精神状态**激起了我们的干劲儿，而出色的工作表现又引导我们走向了成功。

为此，我们不仅收获了满满的成就感，如愿以偿地拿到了学位，获得了晋升，还接到了母亲的电话。在听筒的那头，妈妈的言语间难以掩饰发自肺腑的自豪。

据《哈佛商业评论》报道，幸福指数高的人，他们的生产效率和收入水平比不幸福的人分别高出 31% 和 37%，而他们的创造力则是对方的四倍。

所以，幸福之前必须要做的第一件事是什么的问题就迎刃而解了。

那就是要幸福。

要做到幸福至上。

幸福可以激活大脑中的学习中心。而此时此刻，你的大脑也将犹如曼哈顿华灯初上的摩天大楼熠熠生辉，犹如珠宝店射灯映照下的钻石璀璨夺目，犹如农场上夜空中的繁星闪闪发光。

美国哲学家威廉姆·詹姆斯如是说过：“人类历史上最有价值的发现莫过于人类可以通过态度的转变而彻底地改变生活。”

《幸福竞争力》的作者肖恩·阿克则认为：“并不一定是现实塑造了我们，而是大脑审视世界时的那副镜片塑造了我们的现实。”

世界大文豪莎士比亚同样说过:“世间万物本无好坏,乃思想使然。”

第二节

我们为何不能随心所欲地利用思想获得好心情

诚如莎士比亚所言："世间万物本无好坏，乃思想使然。"但是，假如思想真的像莎翁说的那样神通广大，我们为何无法随心所欲地利用**思想**获得好心情呢？不就是轻轻按下心情开关的事吗？

可事实上，我们都心知肚明，事情根本不是想象的这么简单。有时候，我们的大脑会紧盯住消极的一面不放，搞得我们欲罢不能！

我身边就时常遇到这种事。其中不乏一些不为人知的秘密。只要是人，就免不了钻牛角尖。

我和知名的激励演说家、《财富》全球500强的首席执行官以及世界的政坛首脑同台对过话。知道他们在后台做些什么吗？紧张得直流汗，生怕出现什么差池。

每个人都会有消极的自我暗示，除非是一成不变的乐天派。有些人总体而言是乐观的，但有时也会有消极的自我暗示。假如是这样，我们大可不必担忧。其实，大脑有点儿消极的思想并不可怕。

怕只怕我们太过固执，不愿正视消极思想的存在。

那么，我们的大脑为什么会朝消极的方面去想呢？一旦揭开了这个谜团，我们就可以在现代技术的支持下掌握我们控制个人情绪的能力，并且有的放矢地追求幸福。

这绝对是我可以分享给大家的一份无价之宝。

然而，说到这儿，幸福为何这般来之不易呢？

自从20万年前地球上产生了人类以来，可谓是人生苦短、江湖险恶。我们的大脑就是在这种恶劣的环境下进化而成的。

谈到人生苦短、江湖险恶，大家恐怕很难产生直观上的感受。

下面，不如就让我们做个小小的实验吧。

放下手中的一切、闭上双眼，试着回想一下上一次当你身处荒野时的那份孤独。

有人在山间露营，从篝火旁走开，漫步到参差不齐的岸边，孤零零地凝望着明镜般的湖水；有人在户外游玩，沉迷在瀑布云雾缭绕的壮美中，浑然不知同行的同学已然走远，孤立在枝繁叶茂的树林中，唯有风在低吟，卷袭着树叶；还有人在晨曦的朝阳中沿着蜿蜒的海滩慢跑，霎时间迷失了方向，眼前是一望无际的虚无。

细细回味一下你当时的心境吧！

现在，请设想一下我们的生活中缺少了下列事物：

· 厕所	· 汽车	· 冰箱
· 洗涤槽	· 飞机	· 冰柜
· 淋浴	· 船	· 农场
· 自来水	· 书	· 炉灶
· 电脑	· 纸	· 微波炉

- 电话
- 因特网
- 床
- 椅子
- 药
- 自行车
- 杂货店
- 铅笔
- 钢笔
- 医院
- 医生
- 袜子
- 工具
- 内衣
- 衬衣
- 毛衣
- 夹克
- 裤子
- 公路
- 鞋

此时此刻，你孤身一人矗立在地球的中央，没有任何生活用品可供你使用。你必须丢掉口袋中的手机，脱掉脚上的鞋袜，因为那时地球上还没有这些物品。

然后，你得继续扒光身上所有的衣物，直至赤身裸体为止。再强调一遍，这些生活用品在当时根本没有产生，或者干脆这么说吧，在你的有生之年，你是没机会见识到这些东西了。

现在，紧闭你的双眼，想象你赤裸裸地站立在那儿，并且要时刻谨记：

在人类历史的长河中，物质匮乏的时代占据了其中的99%。

在人类历史的长河中，人的寿命仅有30岁的时代占据了其中的99%。

在人类历史的长河中，大脑为**生存所困**的时代占据了其中的99%。

人生苦短、江湖险恶。其实，**我们现代人的大脑和以前是一模一样的。**

当时的人类幸福吗？更确切地说，当时的人类有追求幸福的闲情逸致吗？

天资网站的博主大卫·凯恩为我们揭晓了这个问题的答案：

如果有哪位祖先仰仗他拥有的财物、地位以及成就真正尝到了幸福的滋味，他立刻就会陷入危险的境地。

那时，人类文明的摇篮还没有诞生，人类尚还处在听天由命、自生自灭的原始阶段。因此，出于生存的考虑，每个人都必须编织一张安全网以确保个人的人身安全。

就算是达到了自给自足的程度，也必须谨小慎微、未雨绸缪，否则就有可能因为一时的自满吃大亏、倒大霉，不是被野兽吃了，就是被对手杀了。所以说，在当时，享受幸福无异于是饮鸩止渴。

占有欲是人类的本能。越是自己没有的，就越想占有。所以，人类的占有欲是无穷无尽的。

但反过来讲，假如没有占有欲，我们的祖先必定会在每一次狩猎中屡战屡败，最终落得个饿死鬼的下场。

于是，为了保命，人类就将这个简单粗暴的现实烙印在了大脑里，形成了一套自我保护机制。

然而，一波未平一波又起，虽然生存是不成问题了，可压力与苦闷又来了。无奈之下，人类就必须时刻保持警醒，不敢有丝毫的懈怠。

这就是自然的法则。不错，这套体系的确是有些简单粗暴，可在人类的历史上却延续了几千年。

在这人生苦短、江湖险恶的历史中，我们的大脑始终没变。纸媒的产生，飞机的发明以及因特网的问世都无力导致大脑的突变。那么，接下来的问题是，大脑的自我保护机制是什么样的呢？请见下：

年份	“我需要……”	“否则，我就会”
公元前 18 万年前	食物和安全	死
公元前 17 万年前	食物和安全	死
公元前 16 万年前	食物和安全	死
公元前 15 万年前	食物和安全	死
公元前 14 万年前	食物和安全	死

公元前 13 万年前	食物和安全	死
公元前 12 万年前	食物和安全	死
公元前 11 万年前	食物和安全	死
公元前 10 万年前	食物和安全	死
公元前 9 万年前	食物和安全	死
公元前 8 万年前	食物和安全	死
公元前 7 万年前	食物和安全	死
公元前 6 万年前	食物和安全	死
公元前 5 万年前	食物和安全	死
公元前 4 万年前	食物和安全	死
公元前 3 万年前	食物和安全	死
公元前 2 万年前	食物和安全	死
公元前 1 万年前	食物和安全	死
公元元年	食物和安全	死
公元 1000 年	食物和安全	死
公元 2000 年	幸福	死

这种对死亡的恐惧会起到什么样的作用呢？显然，它会增加我们求生的信念。而为了生存，我们可谓是不择手段，变得生性多疑、穷兵黩武、冷酷无情、野蛮残暴、杀气腾腾。

总而言之，**在恐惧的驱使下，我们成了现在的模样，成了地球的主人，成了世界的霸主。**

说到这儿，我们不禁会问：这种恐惧还存在于我们的头脑之中吗？

第三节

只有偏执狂才能生存

是的，这种恐惧依然存在于我们的头脑之中。

而且还无处不在，不是藏在我们的两耳之间，就一定是藏在我们的大脑之中。

汤姆·汉克斯是享誉全球的演员之一，每部电影的片酬高达几百万美元，还两度斩获奥斯卡金像奖。然而，就是他这么一位成就卓著的名人，却为生活所困。

他开诚布公地讲道："每天晚上，有些人在上床睡觉前想的是：'啊，今天是多么美妙的一天哪！'而我呢，却总是战战兢兢地扪心自问：'今天你怎么又搞砸了？'"

安迪·葛洛夫长期以来都是英特尔公司的首席执行官。在他的领导下，英特尔公司实现了几十亿美元的利润。

许多人认为，硅谷能有今天的繁荣是离不开葛洛夫的。与此同时，他还被《时代周刊》评选为 1997 年的年度风云人物。在他的传记中，史蒂夫·乔布斯还将其视为是他崇拜的偶像。

不过，别忘了，葛洛夫可是有句至理名言："只有偏执狂才能生存。"

今天，我们的大脑仍然遵循着这套偏执理论，可谓是治愈苦闷的不二法门。有人将其称之为医科生综合征。

这个词是杰罗姆·K. 杰罗姆在1889年出版的经典之作《三人同舟》[①]中杜撰出来的：

“我记得有一天，我到大英博物馆去，想找书看看有什么方法可以治疗我那时正患着的一种小毛病，我得的是花粉症吧，我想是这么回事。

“我把书打开，把要看的都看了。随后，又漫不经心地随手翻了几页，懒懒地看起各种疾病的症状。我忘记了首先看的是什么病了——反正是一种吓坏人的要命的玩意儿吧。我看了一会儿，还没有把《前驱症状》的一半看完，我便知道不用说我害的正是这种病。

“有好一会儿我坐在那里一动也不敢动，简直害怕死了。在绝望中，我又无精打采地翻了几页。我看到伤寒那一节——把病症看了看——发现我原来还在生伤寒病，一定是得了好几个月，可自己还一无所知。

“我继续想自己到底还有什么病，于是又翻到舞蹈病看看——果然不出所料，我也得了舞蹈病——我开始对自己的疾病发生了兴趣。

“我决定寻根究底，看看我一共害了多少种病。于是，我顺着字母从头查下去——先看疟疾，发现自己正患着这种病，大概再过两个礼拜就是急性期……”

其实，不仅仅是医科生如此，又有谁不是这样呢？

我们紧紧地盯着问题不放，不就是为了生存吗？当下，在这个我们亲手造就的世界，这种消极的眼光非但没有消失，而是愈演愈烈了。

---

① 《三人同舟》的译文，引自杰罗姆·K. 杰罗姆（英）：《三人同舟——泰晤士河漫游记》，关品枢译。北京：商务出版社，1995年。此处的译文见该书第5页和第7页。——译者注

在医院的诊疗室，医生看了你的化验报告后告诉你说：“你的血糖和胆固醇水平正常，但铁元素含量偏低。”

这个时候，会有什么样的场景出现呢？医生会嘱咐你多吃牛排、提高铁含量。至于血糖和胆固醇吗，在正常的指标范围内，不需要采取任何干预手段。

正常来讲，胆固醇水平应该在 200mg/dL 以下，如果是 195，说明你的身体很棒！可如果超过了 200，达到了 205，那你可就得注意了。

这分明是在暗示，医生的钱纯粹是看病挣来的。难道没病没灾的时候，就跟医生一点儿关系没有吗？

零售店经理一般采取的都是“异常管理”的模式。他们要时刻关注每日的报表，查漏补缺。如果报表上的客流量和客单价都没有问题，唯独是结账速度偏慢，老板会如何应对呢？毫无疑问，肯定是增加收银员、缩短结账时间。而对那些达标了的统计项目，他简直睬都不睬。

在课堂上，老师发还测验成绩后，一般都会对那些没到平均分的学生给予特殊的关照。他们要是及不了格，那还了得？留级不说，身心健康也受影响啊，眼巴巴地看着好伙伴都顺利升班了，心里能好受得了吗？

所以，对于这样的学生，老师就得趁午餐的时间给他们“加餐”、辅导功课、补考。试问，受这种“优待”的为什么是他们，而不是那些考满分的优等生呢？

在工作单位也没什么两样。业务水平的高低全凭考评结果说了算。考评不合格？好办！制订改善计划，主动找老板谈话，或者接受在岗培训！而优秀员工的待遇就不同了，除受到老板的器重外，还可以获得 2% 的加薪。

这些案例足以表明，我们的大脑往往对好的一面不是特别在意，而是专注于：

1. 寻找问题
2. 发现问题
3. 解决问题

这就是 2000 年来外界环境对大脑影响的结果。为此，我们习惯了紧紧盯住世界的问题不放，所以有时候，这种印象就成了我们对世界感知的全部。

《纽约时报》的畅销书作家凯莉·奥克斯福德在她的推特上是这么形容医科生综合征的：“在线医疗就如同《惊险岔路口》里的故事，总是以癌症收场。”

我们该何去何从呢？

第四节

我们可以在多大程度上支配我们的幸福?

亚里士多德有句名言:“幸福取决于我们自己。”

心理学家维克多·弗兰克尔认为:“你可以夺走人类的一切,却夺不走他仅存的自由——也许他无法选择所处的环境,但却可以选择自己的态度,选择自己的路。”

沃尔特·惠特曼也曾写下过这么一句话:“时刻迎着太阳的方向吧,这样,阴影将永远消失在你的眼前。”

我喜欢这些至理名言,但要想真正地做到却绝非易事。

目前,态度的重要作用已被科学证实了,并且也有了一些切实可行的方法可以用来控制我们的态度。

我太太莱斯莉 16 岁生日的那天,她的祖父将一段镶着铜框的话送给了她作为生日礼物。莱斯莉把这段话挂在了卧室的墙上。每天清晨上学前,她都会虔诚地读上一遍。至今,它还挂在她那间旧卧室里。这段话,我也读过不止一遍,并用照相机把它拍了下来。

在此,我特别要提醒大家要着重读一读倒数第二句:

态度

“随着年龄的增长，我越来越意识到人生态度的重要性。

态度之于我，比现实、比过往、比教育、比金钱、比环境、比成败、比别人的所思所言所行、比容貌、比天赋、比才华都要重要。

人生的离与合、教会的废与立、家庭的聚与散、友情的缘与怨无不取决于人生的态度。人生之大幸在于，态度的选择权掌握在我们自己的手中。

也许，我们无法改变别人的行为方式；也许，我们无法改变不可避免的一切。但我们却可以掌控我们人生的态度……**我始终相信，现实只占了人生的10%，而另外90%的时间都是在回应现实中度过的。**

所以，一切皆取决于我们自己……我们如何选择，就会有什么样的**人生态度**。”

山姆·沃尔顿

很显然，落款写的是山姆·沃尔顿，但实际上这是后人在重新制作时，在电子邮件的转发和信件转交的环节上出现了差池，导致了张冠李戴的现象。更糟糕的是，这个明显的谬误好多年一直都没有改正过来。

其实，这句话本是出自得克萨斯州的牧师查尔斯·史温道尔之口。他的一档节目同时在2000多家电台播放。

你知道这段话的精髓在哪里吗？

就是那倒数第二句话：

“我始终相信，现实只占了人生的10%，而另外90%的时间都是在回应现实中度过的。”

加州大学心理学教授桑雅·吕波密斯基在《这一生的幸福计划》中分享了她最新的研究成果，精准地分析出了环境对幸福的影响指数。

没错，就是 10%。

我们是否幸福，有 10% 是取决于我们所**面对**的现实。

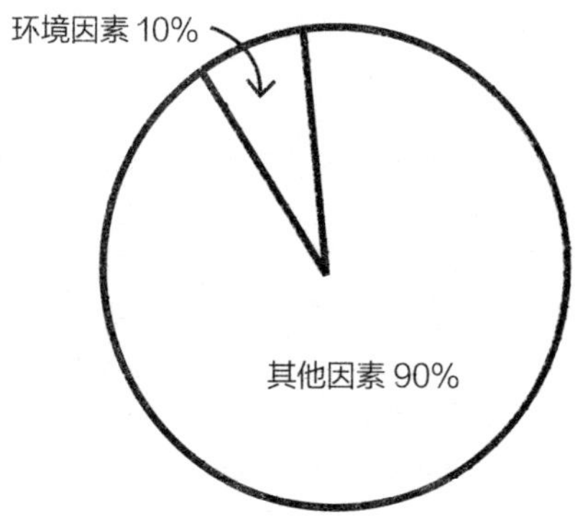

也就是说，**我们是否幸福，有 90% 都跟世界上发生的一切无关！而是基于我们看待世界的方式。**

那么，在这 90% 中，都包含哪些要素呢？主要是遗传倾向和意向行为。是的，意向行为是至关重要，指的是可以提升幸福指数的特定事件。**仅意向行为一项对幸福感的影响就高达环境的 5 倍。**

换句话讲：就算是对你的生活环境了如指掌，包括你的职业、健康状况、婚姻状况以及收入水平，我充其量也只能预测你幸福指数的 10%。至于那剩下的 90%，则取决于大脑过滤外部世界的方式，而不是外部世界本身。

第五节
积极心理学——七件事让你得到长久的喜悦

如何才能做到幸福至上呢？

在这一节中，我们将对积极心理学这一新兴的领域了解一二。那么，什么是积极心理学呢？当然不是松软的棒棒糖实验。

心理学教授马丁·塞利格曼和米哈里·契克森米哈赖被誉为积极心理学的开山鼻祖，因为他俩都对冷酷的现实怀着极大的热忱。

这诚如他们在《美国心理学家》上所言：

心理学不仅仅是一门有关疾病与健康的医学，而是涵盖着丰富的内容。

无论是工作、教育和理解力，还是关爱、成长和娱乐，都与心理学有着千丝万缕的联系。

在追求完美的道路上，痴心妄想、理想信念、自欺欺人、头脑发热还有敷衍了事都是行不通的。

积极心理学的目的就是要以科学有效的方法有的放矢地解决人类行为中存在的问题，并以通俗易懂的语言把问题阐明。

积极心理学是一门新兴的学科。

为了这**七条**幸福的妙招，我可谓是煞费苦心，翻阅了数百种研究资料。其中，多数都散见于各类期刊、会议的主旨发言和研究报告中。在此，大家只管坐享其成就可以了。

任选其一，只要能连续不断地坚持两个星期，你一定可以比从前快乐。

那么，这七招究竟是何灵丹妙药呢？

散步
写日志
做点好事
放空
达到心流
冥想
感恩

散步

宾夕法尼亚州的研究人员在《运动心理学期刊》上的文章中指出，**越是运动，人就越兴奋、越有激情。**

据研究人员阿曼达·海德称：“我们发现，和运动量小的人相比，运动量大的人的愉悦感较强。同时，我们还发现，和日常相比，人在运动的日子里会更加开心。”不必花太多时间，一周只要散步三次，每次健走半个小时就足以增加你的幸福指数了。

美国心身医学学会颁布的一项研究显示，迈克尔·巴比亚克及其医生团队发现，30 分钟的健走或慢跑甚至可以起到临床抑郁症患者康复的功效。

是的，你没听错，就是临床抑郁症。而且，其疗效比冥想或者运动、冥想相结合的方法还要管用。

写日志

花上 20 分钟的时间记录下一件充满正能量的经历可以大幅度地提高幸福感。

道理在哪儿呢？因为你写的过程就是对这次经历的一种重温，而且，你每读一遍，就会**重温**一次。大脑会将帮你返回到当初的场景中。

在得克萨斯大学的研究“我究竟有多爱你？让我数数有多少词吧”中，研究人员理查德·斯莱切和詹姆斯·潘尼贝克让一对夫妇中的一人用 20 分钟的时间写一写他们的夫妻感情，每天如是反复进行三次。

研究发现，一段时间后，这对夫妇的夫妻感情比测试组的更加亲密、更加牢固。

那么，这 20 分钟到底是如何发挥奇妙功效的呢？它帮我们记住了人的善良，和一切经历过的幸福时刻。

做点好事

一周行五回善事可以大大增加幸福感。

通常，我们并不会想到为别人的咖啡买单、帮邻居修草坪或者在圣诞节给公寓大楼的保安送一张感谢卡片。

《这一生的幸福计划》的作者桑雅·吕波密斯基在研究中要求斯坦福大学的学生在一周之内行五回善事。

结果可想而知，他们收获了比测试组多得多的幸福。

原因何在呢？其实，道理很简单。良好的自我感觉，再加上别人的感激之情，他们怎么会不幸福呢？

这就像马丁·塞利格曼教授在《持续的幸福》[①] 中所说的："科学家发现，在我们测试过的所有方法中，**帮助别人是提升幸福感最可靠的方法。**"

放空

吉姆·洛尔和托尼·施瓦茨在《精力管理》中如是写道："最丰富、最幸福和最富成效的生活，其特点是既能全力以赴地迎接挑战，又能适时、定期地全身而退以补充能量。"

同时，堪萨斯州立大学的研究发现，工作了一整天后，完全的放松可以使我们养精蓄锐，精神百倍地投入到第二天的工作中去。

---

① 《持续的幸福》的译文，引自马丁·塞利格曼（美）：《持续的幸福》，赵昱鲲译。杭州：浙江人民出版社，2012 年。此处的译文见该书第 19 页。——译者注

譬如，晚餐后关掉手机，度假时断掉网络，凡此种种，不一而足。

待到第六条秘诀时，我们再逐一详谈。迫不及待的读者，可以直接翻到本书第六章。

达到心流

调整状态、屏气凝神、达到心流。无论该如何定义心流，总之，一旦全身心投入到手头的工作中，这就意味着你同时面临着挑战和大显身手的机遇。

用米哈里·契克森米哈赖的话讲，心流就是“全身心地投入到某种活动中。**随着自我的隐退和时间的消逝，你的一举一动、所思所想，如同演奏爵士乐般，一气呵成；**在全身心投入的同时，将技巧发挥到极致”。

在《当下的幸福：我们并非不快乐》中，他又用下图诠释了心流：

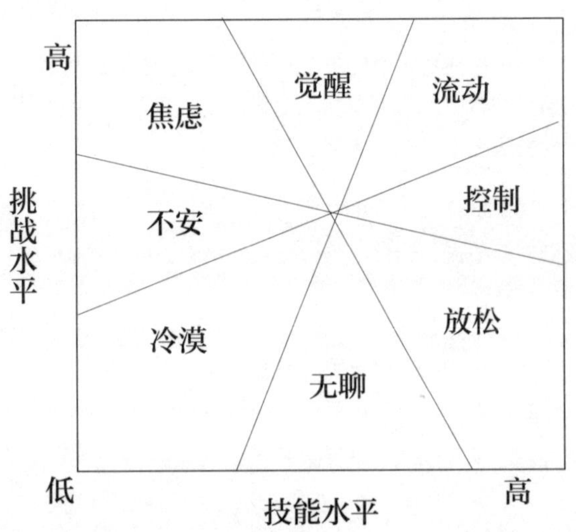

冥想

来自马萨诸塞州总医院的一支研究小组对比了人类在冥想前后的脑部扫描 X 光片，并将研究发现刊发在了《精神病学研究》上。

研究显示，冥想两分钟后，大脑中控制同情心和自我意识的区域明显扩大，相反，控制压力的区域则明显减小。

数项研究还表明，冥想可以“持续不断地重组”人类的大脑以增加幸福感。

感恩

假如一点点小事就足以令你开心，那么，幸福就不再是遥不可及的了。

找一个本子，或者创建一个网站，然后在上面写下过去一周值得感恩的 3 到 5 件事。

每一周，我都会在 1000awesomethings.com 上记下 5 件事。有些人则喜欢写在放在床边的笔记本中。

2003 年，研究人员罗伯特·埃蒙斯和迈克尔·麦卡洛将学生分成了 3 组，并要求他们分别写下过去一周内发生的 5 件值得感恩的事、5 件烦心事或者任意 5 件什么事。

如是连续 10 周后，令人惊讶的事情发生了，第一组学生的幸福指数激增，健康状况也有了明显改善。

查尔斯·狄更斯有句话说得好：**“思考你当下的幸福，而非过去的不幸。**幸福，每个人都有很多；而不幸，所有人都有一些。”

这就是那七条幸福的妙招。明白了幸福至上的重要性后，还要靠这七大法宝助你抵达幸福的彼岸。总之，请大家时刻谨记：和开车、倒立、踢足球一样，幸福也是可以**习得**的。

第六节

可以把一切变得更好的人才会是幸福的人

几年前，肯塔基大学的一些研究者发现了一批极富学术价值的文献：这是一些被尘封了几十年的纸箱，里面满满地装着修女们在 1930 和 1940 年加入美国的修道院时手写的自传。

研究人员在阅读了这些文献后，对这些自传按照修女的心态进行了分门别类。

从下面两篇自传中，我们可以明显区分出积极的心态亦有高低之分：

自传 1：

我出生于 1909 年 9 月 26 日。在家中的 7 个孩子——5 个女孩、2 个男孩中，我是年龄最长的一位。

候选生那年，我是在修女之家度过的，同时，我还在圣母女子学院教授化学和二年级的拉丁语。

念上帝慈悲，我将聆听主的教诲，传经布道，尽早归圣。

自传 2：

蒙主所赐，我自出生起便尽享恩泽。

去年，我以候选生的身份在圣母女子学院修习一载，甚为欢愉。

如今，我满怀欣喜，憧憬圣母之教诲，以受神圣纯爱之庇佑。

瞧，差别迥异吧？

为此，研究人员在时隔 70 年后没费什么功夫地就将这些自传按照“幸福的等级”划分为了四大类。他们不禁兴奋地摩拳擦掌、欢呼雀跃，并将这些落满灰尘的自传与传主的近况进行了比对。

至此，需要谨记的一点是，在以这些修女为研究对象的过程中，有一个极为便利的条件：所有难以控制的变量都是在可控制范围内的。

换言之，这些修女都不吸烟、不喝酒、从未有过性生活、终身未嫁、无子！她们甚至生活在同一座城市，吃的、穿的都大同小异。（洗一大堆白色的运动服？这样的事绝对不可能发生！连半点可能都没有！）

因此，她们在 70 年前的态度积极与否就成了决定其寿命长短的首要指标。

这就是这项研究的伟大所在。

那么，猜猜看，研究人员到底发现了什么呢？

革命性的发现在学术界引起了一场轩然大波。讨论的焦点就是积极人生观的重大作用。最终，他们将结果公之于众，并将其称之为“早期生活的积极情绪与寿命：修女研究之所见”。

以下就是他们的研究发现：

· 幸福感最强的修女比幸福感最弱的修女的寿命长 10 年。

· 80 岁时，幸福感最强的修女有 25% 的人离世，而在幸福感最弱的修女中，去世的比例则高达 60%。

· 在幸福感最强的修女中，有 54% 的人活到了 94 岁，而活到这个年龄的幸福感最弱的修女则只有 15%。

这项研究表明，当下的幸福感和人的寿命存在着紧密的联系。当然，这并不仅止于活的时间长短的问题！细细琢磨，这还关系着你一生的幸福。

幸福的人并不是拥有最好的一切的人；而是把一切都变成最好的人。

所以，请切记幸福至上。

幸福至上

秘诀之二

不为批评所动的秘密

第一节

如何让自己的每一天都是美梦成真的日子

博客点击量：50017 次。

心跳加速、手心冒汗。我仰卧在吱吱作响的木椅里、直勾勾地盯着博客、紧蹙着双眉。这不是在做梦吧？我点击了“刷新”、搓了搓麻木的脸颊、又紧盯着电脑屏幕不放。

博客点击量：50792 次。

30 秒内，竟然有 700 人访问了我的博客，我自忖到。

仅仅 4 个星期以前，我才开始在 1000awesomethings.com 上写博客。访问量达到几百次后，我发布的一篇文章——980 号博文《老旧、危险的操场器械》——不经意间迅速在网上蹿红。当时，我还在工作。

不觉得心脏开始狂跳。

刚开始写博客时，我给自己设定了一个小小的目标。我希望可以在 1000 天里连续写下 1000 件妙不可言的事情。

在最初的两三周，我信笔写了些关于西蓝花和薯片碎屑的文章，并且开始关注我博客的访问量。

我发现，我博客的访问量从 7 跳到了 20，又跳到了几十、上百。渐渐地，我痴迷于观察访问次数的攀升。这时，我又给自己设定了一个全新的目标。我希望我的博客点击量可以达到 5 万次。

几周后，那篇《老旧、危险的操场器械》迅速在网上蹿红，帮我达成了这个目标。

于是，我又告诉自己，5 万次的点击量简直太低了，可以说是个人就可以做到，有什么值得庆幸的呢？大网站的点击量 100 万次的都有。就这么着，100 万次的点击量又成了我追求的新的目标。

我每天笔耕不辍，为电子邮件签名以及我在不同博客上的留言添加链接。我开始印制贴纸，四处分发。

紧接着，我又写了 951 号博文《听见陌生人当众放屁》、933 号博文《从瓶子里舀出的第一勺花生酱》和 909 号博文《面包房里的浓香》。

如是几个月后，我博客的点击量真的达到了 100 万次！

可是，这种满足感并没有持续几天。我越发意识到， 100 万次的点击量并不足以跻身顶尖的博客，因为它们的点击量都是以千万计的，甚至有些还被整理成书，拍成了电影。

我以前的目标实在是太低了，100 万次的点击量简直是不足挂齿，不会给我带来任何实质性的变化。这次，我需要动点真格儿的，搞点儿大动作。

就这样，我又有了新的目标：1000 万次的点击量。

在随后的六个月里，我一天也没有停止过写作。下班后，我边吃着外卖，边坐在电脑前熬到深夜。我写博客、回邮件，并且开始接受地方电台、电视台的采访，忙得是不亦乐乎。

甚至，我还上了《多伦多星报》的头版！在这段时间里，我写了874号博文《五秒定律》、858号博文《枕头的另一面》以及824号博文《永远不要忘了在看完电视后找到遥控器》。

开通博客9个月后，我博客的点击量一跃飙升到了1000万次，我本人还两度荣膺了世界最佳博客奖。许多文学代理人也纷纷找到我洽谈出书的事宜。

有了文学代理人，我便开始对图书行业进行调研。我了解到，在美国，每一年出版的图书就多达30多万种；全世界一年的图书出版量则多达100多万种。从中，我突然发现，出书并没有什么了不起的。每年，就有100万人出书！

随之，我将目光转向了畅销书榜单。我注意到，每次上榜的图书顶多是10到20本。据我计算，那么，每年入选的图书也就是几百本的样子，连总数的0.01%都占不到。

这下，我又有了新的目标。我希望我的书可以榜上有名。我希望我的书可以成为那0.01%的一分子。

《环球邮报》每周末都会评选出一个畅销书榜单。于是，我就开始留意每期的上榜图书，留意它们的共性、亮点和卖点。

在随后的一年中，我一如既往地坚持每天写作，不仅写博客、写书，而且还在筹划着图书发行的计划。

具体而言，一方面与博主通力合作，积极准备有关新书的访谈和文章；另一方面，则要加强与出版商的沟通与联系，排出电台、报纸以及电视采访的档期。

待新书上架时，再一并将它们推出，以配合新书的宣传。

获奖后的整整一年里，我几乎将全部心血都投入到了《生命中最美好的事都是免费的》这本畅销书上，因为这是我梦寐以求的，既凝结了我思想的精髓，又汇集了我言语的精华。功夫不负有心人，我终于迎来了出版该书的大日子！

我醒得很早。随后是一连串应接不暇的访谈。我在博客上还专门发了526号博文《生命中最美好的事都是免费的》以资纪念。我的嗓音哑了、眼袋乌青，一晚上只睡3到4个小时。终于等到了又一个星期六的早晨，报纸来了。

《生命中最美好的事都是免费的》荣登畅销榜第2名！

这是个梦想成真的日子。我满心欢喜地坠入了梦乡。我实现了目标，出版商们也兴奋不已。他们的喜悦分明是在告诉我要坚持不懈地继续努力。

第二天清晨醒来后，我又仔细地端详了那期的畅销榜。

我的书旁边赫然竖着个1，证明它上榜已经一周了。可再看看其他的上榜图书，不是20周，就是30周。这就是持久力，远比昙花一现要重要得多。我当然不愿意就这么碌碌无为地度过余生，自怨自艾地告诉别人我的书在畅销榜上只待了一周。

霎时间，我意识到，荣登畅销榜固然是好事，但这绝不是我真正的目标所在。我希望这本书能够走得更远，登上《纽约时报》的畅销书榜，荣登榜首。

后来，《生命中最美好的事都是免费的》一书果真登上了《环球邮报》畅销榜的榜首，并且先是连续5周、10周榜上有名，后来竟然持续到了50周、100周。

国外的出版商纷纷将该书翻译成了德语、韩语、法语、荷兰语以及葡萄牙语等多种语言。再后来，这本书又不出所料地荣登《纽约时报》畅销书榜。

同时，我应邀参加了《今日秀》《早间秀》等节目，甚至还上了CNN和BBC。此外，《办公室》的制片人和一些大牌的电影制片人还分别购买了该书的电视版权和电影版权。

随之，各种图书合同也纷至沓来。

我真的做到了！我真的实现了我的目标。

于是，我的脸上渐渐有了笑模样，尽量使身心保持放松的状态。回想过去卧薪尝胆的三年，我不禁唏嘘不已。

我孤身一人躺在那间狭小公寓的床上、一晚只睡3到4个小时、餐餐吃的都是外卖、熬得眼袋乌黑、也断绝了和朋友们的联系……

而现如今，短短几日，我就突然声名鹊起、实现了梦寐以求的人生目标。

无论我实现了多少外部目标……我都不会停止设立更高的目标。

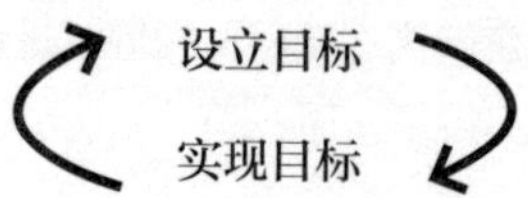

我渐渐开始明白，外部目标并不能使我成为一个更加出色的人。

可以做到这一点唯有内部目标。

第二节
外部激励是如何击垮你的

博客、点击量、畅销榜单和获奖提名之所以会压得我喘不过气来，都是**外部激励因素**使然。

换言之，我工作的目的并不是出于个人的缘故，**而完全是另有所图**。

譬如，我之所以会丧失自信，是因为我将自信的决定权交与了处于大脑之外的诸多信号，而这些信号并不总是在我的掌控之中。

但凡信号是积极的，我立马就忘乎所以了。不计其数的邮件和评论以及畅销榜的排名足以激励着我奋勇前行。

可一旦是消极的信号，我整个人顷刻间就会垮掉。

各种批评的论调、恶意的评论和一时的榜上无名无不昭示着我是个失败者。

第三节

把别人的批评抵挡在你的生活之外

1. 做
2. 你
3. 自
4. 己

不要过于关注别人。要知道，竞争是无止境的，毕竟是人外有人、天外有天。

请切记，凡事，**我们不可能永远都是第一。**

在我们上升的每一个阶段，都会遇到新的对手、新的标准、新的劲敌。

有一位首席执行官曾经语重心长地告诉我说："你总是认为高人就在下一个阶段。"可下一个阶段是无穷无尽的，除非你真的是名副其实的天下第一。

那么，这种概率是多少呢？想想看，全世界可是有70亿人口呢。

这比你每一天遭雷击的概率还要小呢。

第四节

理想的工作为什么沦落成最糟糕的工作？

泰迪·罗斯福有句名言：

“真正有价值的人不是那些善于吹毛求疵的批评家，也不是那些惯爱对强者的失败和实干家的不足品头论足的伪君子。真正的荣耀永远属于那些在竞技场角逐、满脸征尘、汗水和鲜血的人。

“他们奋勇无畏地拼搏、犯下过不计其数的过错、失败之于他们就如同家常便饭般平常。

“正所谓，努力就意味着失败与过错。与此同时，他们还勤劳务实、满腔热情、赤胆忠心，将毕生的精力都奉献给了崇高的事业。

无人比他们更识得成功的滋味，即使是失败了，不过是虽败犹荣罢了。那些不知荣辱的、冷漠而怯懦的灵魂怎能与其相提并论呢？”

真正有价值的人不是那些善于吹毛求疵的批评家。话虽如此，但是什么鞭策着那些竞技场上的人呢？他缘何如此不知疲倦地奋斗呢？

首先，我们要明白，动机共有两种：一种是内在动机，一种是外在动机。所谓内在即内部，指的是做事的初衷全是由心而发；所谓外在即外部，指的是做事的初衷全在另有所图。

猜猜看，究竟哪种效率高呢？

据研究表明，**人一旦在乎起做事的回报，就会从内心失去对事情本身的兴趣**。这可不是虚张声势，而是**真的**失去了兴趣，而这时那熠熠生辉的奖励则趁机鸠占鹊巢，摇身一变成了新的兴趣点所在。

在布兰代斯大学时，特蕾莎·阿马比尔博士对小学生和大学生做了一组实验。实验要求各组制作一些“简单的拼贴画”，并按照这些拼贴画编出一些故事。其中，一些人被告知将会获得奖励，而另一些人则没有被告知。

那么，到底发生了什么呢？根据独立评审在对奖励毫不知情的情形下做出的评判，最缺乏创意的作品皆出自那些被告知将会获得奖励的学生之手。

据此，阿马比尔博士下结论称：“普遍而言，和委派的工作相比，纯粹出于兴趣的工作往往更富创造性。”

这话讲得颇有道理。假若工作的目的不是从个人出发，又何谈出色呢？

此外，奖励与否也并非影响工作质量的唯一因素。

在另一项研究中，来自布兰代斯大学和波士顿大学的 72 位创意作家被分成了 3 组，每组 24 人，任务是写诗。

外在原因——诸如给老师留下深刻的印象、赚钱、考取一流的研究生院等——是第一组作家被指派的创作动机；第二组作家被赋予的创作俳句的动机是享受尽情表达自我的畅快和驾驭文字的乐趣等内在原因；而第三组作家则没有被告知任何原因。

此外，阿马比尔博士还邀请了 12 位诗人当评委，给这些混在一起的诗作评判优劣。

结果，质量最差的诗歌均出自第一组作家的笔下。

埃里克森儿童发展研究院前院长詹姆斯·加伯里诺对这种现象极为好奇。他以五六年级的女孩为研究对象。她们的任务是给低龄的儿童做家庭教师。

其中，一些女孩被告知，干得好的话可以免费领取电影票，而另一些女孩则没有被告知。结果呢？被告知的女孩在沟通上花费的时间更长、心情也更容易低落，反而没有那些只以助人为乐的女孩干得好。

虽然这些研究超乎了我的想象，但细细回味的确是有理。

记得上大学的时候，我每周日都给女王大学的喜剧报纸《金言》撰稿写文章，一干就是 4 年。

当时，我一分钱的报酬都没有，可我就是喜欢写作的每一分钟，和一群搞笑的人混在一起，耳边从来不乏欢声笑语。

出于对写作的热爱，在大学毕业前的最后一个夏天，我在纽约一家新创办的喜剧写作公司谋得了一份工作。我在下东区租了间公寓，并且开始和一群来自《辛普森一家》和《周六夜现场》的作家在位于布鲁克林的一间 Loft 里面搭班写作。

哇哦！我记得当初满脑子想的都是，我简直不敢相信世界上还有这等美差，既能干自己喜欢的事，还不耽误赚钱。

但这却成了我人生中最不堪回首的一段工作往事。

我必须牺牲随心所欲的创作自由，为《时尚》杂志等客户写一篇“800

字的关于下午 5 点被甩有何好处”的文章；我必须牺牲和朋友插科打诨、结识志趣相投之人的乐趣，被安排在固定的时间和固定的人一同写作。渐渐地，我失去了写喜剧的热情……并痛下决心，今后再也不会为了钱去做任何事了。

后来，开始写 1000 件美妙的事时，我就告诫自己，绝对不可以在网站上登广告。我当然不是不喜欢这额外的进项！但是，我深知，一旦登了广告，就难免有种工作的压迫感。

我只怕写文章时，广告的事会使我分神。而且，我还得花时间查发票、转账。这自然会隐没了我写作的初衷。俗话说，顾得了东，顾不了西。我何尝不是如此呢？

广告一事妥帖了，却又忘了还有其他的外在动机。点击量、博客奖还有畅销书榜单既是近在眼前，就免不了令人垂涎三尺。

于是，我就开始留心“外在动机压倒内在动机”的现象，并不断地找一些研究对其加以印证。

罗切斯特大学的爱德华·戴瑟教授找了一些学生做智力题。其中一些学生被告知有竞争对手，而另一些学生则没有被告知这一点。

猜猜看，实验的结果是什么样的呢？第一组学生一看到其他学生解开了题目，立马就放弃了。他们认定自己出局了，也就没必要再做下去了。而第二组学生却截然不同，即使看到别人完成了题目，也并没有放弃。

当你不觉得是在和别人比赛时，你就是在同自己比赛。

一切从个人出发。

而且，你做得越多，就走得越远，表现得就越出色。

想听听一桩古老的笑话吗？

从前，有一位老人，他天天怡然自得地坐在房前的门廊上。可是，一到小学打铃放学的时候，他就不得清闲。因为邻近的孩子从他家的门廊经过的时候，总是会停下来，站在道旁奚落他。

终于，这位老人想出了一招妙计。他告诉那些孩子，如果他们明天还来辱骂他，他就奖励每人 1 美元。

听了这话，孩子们激动万分。第二天，他们都如约而至，从老人那儿拿到了 1 美元。

于是，老人又告诉他们，如果他们明天还来，照样有奖励，不过就是少了点儿，每人 25 美分。但孩子们还是如约而至，辱骂了老人一番，从他那儿拿走了 25 美分。

待孩子们没离开前，老人又对他们说，如果星期三还来的话，他可只有每人给他们 1 美分了。听到这儿，孩子们忙答道："算了吧，这还不够我们的跑腿儿钱呢！"

从此，他们再也不来叨扰那位老人了。

第五节

搞清楚你想要哪种成功

“我如何才能成功呢？”

我朝身旁这位 50 岁上下、渴望成功的女士微微笑了笑。当时，我们正在参加 SHAD 的晚宴，坐在 1 号桌上。

SHAD 是一家非营利机构，而我是该机构的董事之一。我们聊天的同时，一群学生鱼贯上台领奖。因为我是董事，她是赞助商，所以，在接下来的两小时里，我都要挨着她坐着。

董事长笑着，将我们互相引荐给了对方：“尼尔是《纽约时报》的畅销书作家，他的书卖了 100 多万本呢！这位是南希（Nancy），希望有朝一日可以成为作家！请二位慢慢聊！”

我冲着她光鲜亮丽的脸庞微微笑了笑。她向我介绍了她这几年写小说的经历，滔滔不绝，一连说了好几分钟。她还说，她的小说还从未给任何人看过。

紧接着，就向我提出了那个大问题。“成功的秘诀是什么呢？”她问道。

我足有 1 分钟没说话，心里忖度着该如何回答这个问题。

“你有笔吗？”我问道，顺手揭起了一张面巾纸，“我给你画张草图吧。”

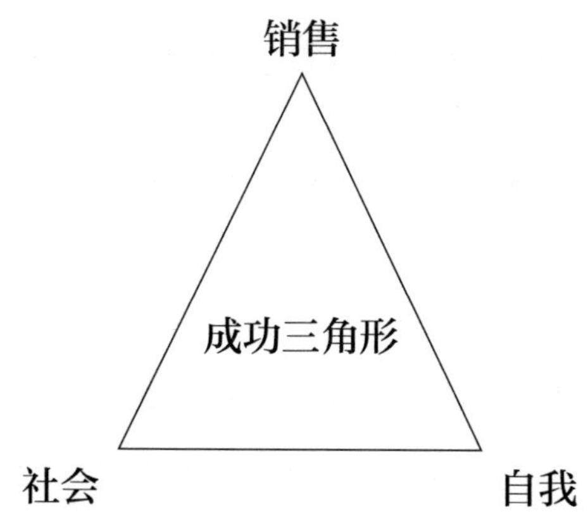

“成功要掌握三点”，我开口说道。“我将它们用成功三角形表示了出来。这可花了我不少时间才整理出了个头绪。首先，第一步就是要想明白你要的究竟是哪种成功。”

销售成功

顾名思义，就是关于销售的。譬如，你的书一炮走红！人人无不在读你的书，人人无不在谈论你的书，你本人还上了电视。

你的书从几百本、几千本，一直卖到了几百万本，一举跃升为时下所说的“潮书”。你赚得盆满钵满，版税多得都得用大卡车往你家里的车库运。

社会成功

指的是在同行中位列翘楚，并深谙为人之道。这是极其重要的。

成了整个行业的宠儿！《纽约时报》自然就会刊登你的书评，布克奖短名单自然就会有你的大名。

哪怕是你所敬仰的一位有影响力的作家寄给你的一封信都称得上是价值千金。

自我成功

就在你的头脑里，是看不见、摸不着的！有没有，只有你个人知道。

具体来讲，自我成功指的就是达成了你所希望达成的目标，不忘初心。

此外，你真心实意地为个人取得的成就而自豪，工作给你带来无比的快乐，尤为重要的是，你为所拥有的一切深感满足，无欲无求，达到了知足常乐的境界。

一些人认为，没有自我成功，前两种成功都如同是无本之木、无源之水，没有任何意义。

这三点适用于一切行业、职业以及生活的方方面面。成功并不是单维度的。你必须当机立断，弄明白要的究竟是哪种成功。

若论在营销业中，销售成功指的是产品畅销、销售量爆棚、销售额远远超出预期。社会成功则意味着受到知名杂志的好评、获得奖项的提名、抑或是在公司会议上获得首席执行官的赏识。

那么，自我成功呢？是同样的道理，指的是你对所获成就的态度。

你若是教师，销售成功就意味着获得晋升的机会，询问你到底对副校长或校长的职位是否感兴趣。社会成功指的是在大会上发言、指导新任教师、或者校长对你的工作能力赞赏有加。而自我成功呢？是同样的道理，指的是你对所获成就的态度。

但吊诡之处在于：不可能同时拥有三种成功。

之所以这么说，一是我还从未见过有任何先例；二是我以为，抱负也应该讲究适可而止。起码，要做到循序渐进。

先是获得一种成功，等时间久了，再去追求第二种成功，然后，待时机成熟时，再去谋求第三种成功。

但通常而言，成功三角形上的任意两角都会阻止第三个角的形成。

那么，为何会出现这种状况呢？

通常而言，销售成功会阻碍自我成功。我对点击量和畅销书榜单的痴迷就是如此。我的个人目标在具体的商业目标面前变得卑微。

想想小丑库斯提吧——品牌止咳糖浆、家用验孕棒以及（“10 个孤儿中，有 9 个孤儿都说不出区别”）的仿真麦片粥。这是艺术家为赚钱而营造的噱头，本身并无可非议！但你却可以从中窥探到商业成功是如何阻碍个人成功的。

对个人成功而言，营销策略并非是必要手段，所以就更谈不上销售成功或社会成功。

为女儿精心烘焙的生日蛋糕、一连几周专心致志学习的课程，还有亲手在后院辛辛苦苦修建的步道，从这些努力中，你绝不会期待获得什么版税或者负面评价。

因为，你并不是在卖这些东西。固然，你也可以这么做，但那却并不是你的目的所在。

再者，受评论界青睐且大卖的可谓是凤毛麟角！社会成功会阻碍销售成功。此处且举一例。

几年前，《拆弹部队》是我最喜欢的一部影片。剧情紧张刺激、扣人心弦，看得我是目不转睛、如醉如痴。

最终，这部电影荣获了奥斯卡最佳影片奖，一举夺魁了业界的至尊殊荣！但国内的总票房却仅有 1700 万美元。

当年，《鼠来宝：明星俱乐部》异军突起，一举拿下了高达 2.19 亿美元的总票房。

总而言之，想要成就哪种成功。那就先请弄明白想要的是成功中的哪个点吧！

第六节

我们如何防止外界的批评影响我们的内心

我们深知应该无视批评家的批评。

我们深知应该一切从我出发。

日本武术合气道的创始人植芝盛平说过：**"一旦心有不静，褒贬对手的'强'与'弱'，便给了邪念以可乘之机。若一味争强斗狠、贬损他人，必将导致功力下降、一败涂地。"**

那么，既然如此，我们为何还要聆听别人的批评呢？又是什么使我们这么在乎外在的评判呢？我们为什么会把等级排位、评判结果、外界舆论看得比我们的自我评价还要重呢？

其实，这里存在一个根本问题。

一个潜在的问题。

这个问题人人都有，我也不例外，是我们争强好胜的根源所在。

这个根本问题就是……缺乏自信。自我评判时，我们往往迷失在个人的思维中，理不清纷繁复杂的头绪，所以，我们唯有相信我们的眼睛。

说到底，根本问题还是自信。

接下来，我们将在 10 页之内迅速解决这个问题。

“每天上班，我都感觉自己像个失败者。”

夕阳透过玻璃窗折射进来，昏暗的光线照映在皮质的座椅和漆面的桌子上。此时，我用怀疑的目光盯着这位哈佛商学院讲授领导力课程的教授，而他闪着泪光的眼睛中则流露出诡异的微笑。

哈佛商学院的终身教授们都是以优异成绩获得本科、硕士和博士学位的，绝对堪称是班级里的佼佼者。

他们的薪水高达六位数，还不算正常教学之外以顾问和演讲嘉宾身份赚取的额外收入。他们可是在哈佛任教啊！这份履历不算寒碜了吧？

可这位哈佛教授为何还认为自己是失败者呢？

“每天早晨，我走到办公室门口的时候，都会清醒地意识到左手边那间办公室里的教授是一位诺贝尔奖获得者……，而我永远也拿不到这个奖”，他继续说道。“此外，我还同样清醒地意识到右手边那间办公室里的教授已经写了 12 本书……，而我永远也写不了那么多。我甚至连一本书都还没有写过。为此，我没有一个早晨不是在自卑的痛苦中度过的。”

我两眼望着他。看得出来，他是在强颜欢笑，千方百计地在自圆其说……可细想想，他的话却不无道理。

毕竟，**在他的世界里，他所取得的一切成就都淹没在了周遭的汪洋大海里。**学位、上百万美元的银行账户还有受人敬仰的职业根本不值得有什么大惊小怪的。

第七节

如何证明自己就是芸芸众生中最值得被爱的那个人

什么是信心?

又到了画图时间了。

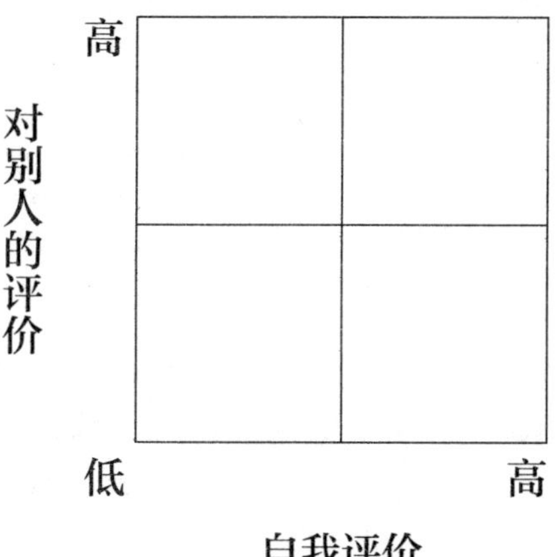

我们先来谈谈自我评价。自我评价可高可低。当然，它始终处于不断地变化中。但在某一个时间点上它却是有高有低的。那么，信心是不是只和自我评价有关系呢?

答案是否定的。

大多数人的确这么认为。但实际上，我们也会对别人有所评价。

那么，对那些自视甚高却贬低他人的人，我们该如何形容呢？

他们不自信，他们……

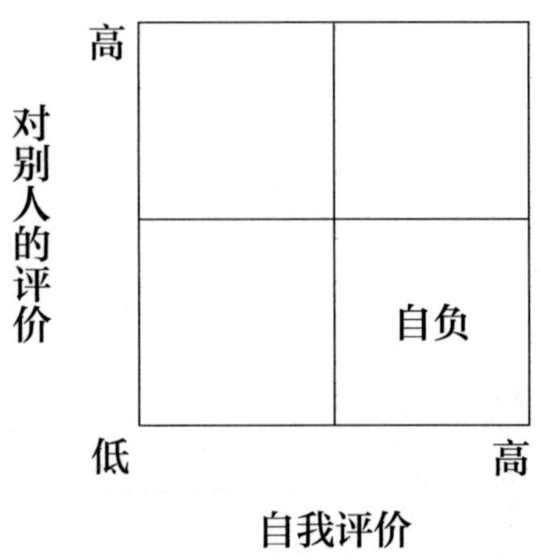

傲慢、以自我为中心、自高自大。**凡是自负的人都是自卑的，因为他们根本不明白高估别人并不会导致自我评价的降低。**别人的信心影响了他们的判断，使他们不免感到相形见绌。故此，他们方绞尽脑汁地贬低别人、抬高自己。

还记得校园里的那些喜欢以强凌弱的孩子吗？实际上，他们的内心深处都极度自卑。这就是我们所说的自负者。他们的自信是建立在贬低他人的基础之上的。

接着往下说。

我们该如何称呼那些抬高他人、贬低自己的人呢？

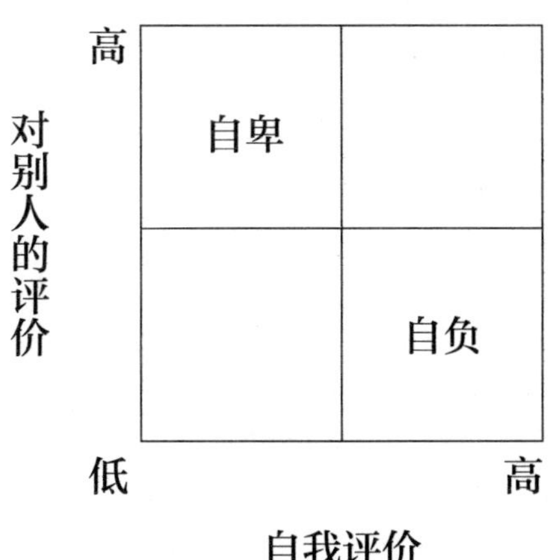

人人都有自卑的时候！高估了别人却小觑了自己。譬如，我们在看集体照时，常常会惊呼道："噢，我的天呢！我长得简直是奇丑无比！我简直就是个傻大个儿！而你真是帅呆了。"这就是妄自菲薄，高估别人、贬低自己。

这就是自卑。

现在，我们接着说第三种人。这种人既贬低别人又小觑自己。我们该如何定义他们呢？说白了，他们就是看谁都不顺眼！

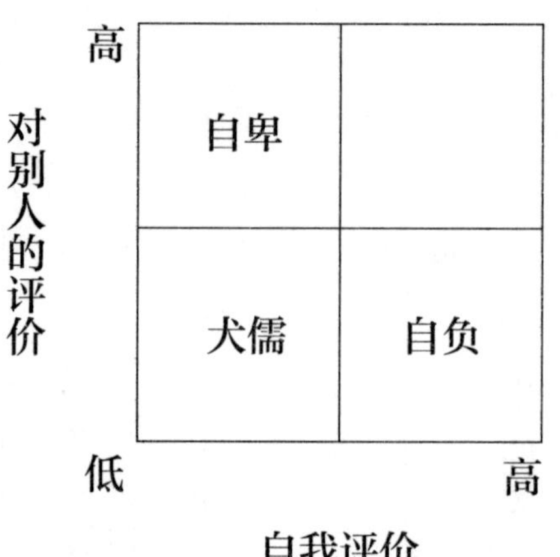

这也是我们的通病。凡是遇到不顺的日子、糟糕的老板或者犯了严重的错误，我们就会变得愤世嫉俗，觉得到处都是问题，进而变得玩世不恭、愤世嫉俗。愤世嫉俗绝不是自信，它与自信可是隔着十万八千里呢！正如柯南·奥布莱恩在他最后一次主持《今夜秀》时所说："唯有一事奉劝大家：**玩世不恭的生活态度是要不得的。我痛恨愤世嫉俗，没有什么比它更令我深恶痛绝了，因为它只会教人一事无成。**"

我们好像还落了什么。

对了，真正有自信的人是什么样的呢？

无论是自己还是他人，他们都会给予高度的评价。这才是地地道道的有自信。

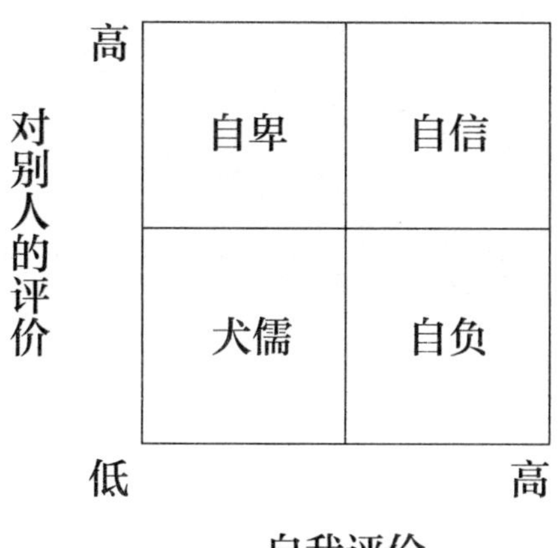

佛祖说过："在茫茫宇宙中，人徒劳地追寻着比自己更加值得爱的人。殊不知，自己就是那芸芸众生中的一个，就是那值得爱的人。"

第八节

停止自我批评、完全接纳自己的三个步骤

我们如何抵达理想的境界？

我们该如何在接纳自己的同时给予别人高度的评价？

我们又该如何区分两种不同的评价，使其各行其道呢？

若要达到高度评价自我的境界，需要分三步。道路确实艰难，但只要全身心投入，就必能修成正果，做到接纳自我。

这三步分别是：

1. 掩饰
2. 道歉
3. 接纳

具体如下：

掩饰

从哈佛毕业后的多年里，我一直是这么回答下面这个问题的，我的同学大多也都如此。

他们：你是哪儿毕业的？

我：波士顿。

他们：太酷了。

渐渐地，我开始意识到**掩饰也是一种自我评判的方式**。我似乎对上过哈佛这事并不是特别自信。

我之所以对“哈佛”二字避而不谈，无非是顾忌别人心生猜忌。精英、书呆子、养尊处优的富家子弟，抑或是奢靡浮华的银行家交际圈——不管他们脑子里联想到的是哪个，都是与我的初衷背道而驰的。反倒不如隐瞒了事。

所以，无论是在个人简介里，还是在博客里，我的书里、广播的片头里或者报纸的专访里，我对哈佛一概不提。更彻底的是，就连我工作邮箱的邮件签名都没有添加任何学位信息，而我的同事们都是有的。

我把这叫作谦逊。但说白了，就是恐惧。

几年之后，我想明白了，决定不再这么藏着掖着。假如再有人问起我上学的事，我就会如实相告。当然，我还是会犹豫不决，局促不安，有些如履薄冰的味道，心里总不是那么踏实。可我又能怎么办呢？

道歉

他们：具体是哪所学校？

我：（出怪相）呃……哈佛？

他们：哈哈，呃……哦，呃，知道了，哈哈……是的，有所耳闻！

我这一局促不安，反倒弄得别人不知所措起来。紧跟着道歉时，倒又像是逼着别人也这么做似的。

终于，我意识到，道歉也是一种自我评判的方式。太棒了，又找到一个！

刚一道歉完，耳边旋即响起了《家庭问答》（Family Feud）中的嗡嗡声，还闪着三个大大的红色 X 号。

“我们询问了 100 个人，位列前五的回答就在大屏幕上。请说出一个你上过的学校。”

“呃……哈佛？”

道歉模糊了身份。

道歉产生了距离。

道歉暗示了过错。

道歉就是当你家的狗狗拉在了邻居家的草坪上，你抬眼发现邻居正隔窗向外望时，所说的一句“对不起！”

终于，我领悟了其中的道理。数年之后，我不再道歉了，而是迈出了第三步，这关键的最后一步。

接纳

他们：具体是哪所学校？

我：哈佛。

他们：太酷了。

遮遮掩掩的毛病从此一去不复返了……我不必再自欺欺人了。

畏首畏尾、犹疑不决的心态也不见了……我也不必再缩手缩脚、妄自菲薄了。

取而代之的是澄澈、简单、实在、踏实。澄澈、简单的生活，少了份矫揉造作、心存狐疑，却使我远离了这世间多少的是非评说。

这就是海纳百川、有容乃大的境界。

物理学家理查德·费曼说过："人，既没有义务按照别人给你设定的目标活着，也没有义务为迎合他人的期望丧失自我。这是他们的问题，与我的失败无关。"

接纳自我就是自信的表现。接纳自我就是摆脱舆论对个人想法与信仰的左右，保持清醒的头脑。

那么，该如何处置别人的观点？如何杜绝自我评判呢？

一笑了之。

开怀一笑不仅可以助你深谋远虑，还可以擦亮你的双眼，避免自我评判的发生，并最终实现接纳自我。

H——掩饰

A——道歉

A——接纳

我们的生活中到处充满了自我评判。

胖、懒、运动量小、不配加薪、不值得她爱、丢了工作后就找不到饭碗了、被甩了注定是剩女。有时候，我们胡思乱想的连努力都忘记了。殊不知，竭尽全力了，就必定会有一个更加完美的自我。

你就是你。发现隐藏的内心、向道歉说不、然后接纳自我吧！

第九节

消除怒气 + 仁者之心 = 怡然自得

一天，佛祖造访了一座小村庄。

话说他皈依佛门后，也被称为婆罗门（Brahman）。从此便云游四方、广传佛法。一时间，他的大名可谓是无人不知、无人不晓。村民们听说是他要造访此地，纷纷前去领经受道。为此，其他的婆罗门丧失了众多的追随者。

其中，就有一个婆罗门对佛祖大为不满，在一天深夜怒气冲冲地前去兴师问罪。“你有什么资格教诲他人，”他咆哮道，“你就是个冒牌货，和庶民一般愚昧！”

等婆罗门骂完了，佛祖依然泰然自若地坐着，依然是和颜悦色。这反倒又勾起了婆罗门的怒气：“难道你就会一动不动地坐着傻笑吗？你有什么好说的？”

这时，佛祖才开口说道：“婆罗门，在下有一事不明，想请教一二。不知你的亲朋好友、同道中人可有人上门做客呢？”

“那是自然。”婆罗门答道。

“那么，请问，”佛祖继续说道，“你是否以美食佳馔款待他们呢？”

“当然了。”婆罗门答道。

“好，既然如此”，佛祖又问道，“设若他们不肯享用，那这些珍馐佳肴又该属于何人呢？”

“这样的话，那些美味当然是我的了。”

“这就行了”，佛祖答道，“同样的道理，我并不接受你的怒气和指责，那就物归原主吧？”

听完这话，婆罗门惊得是目瞪口呆，无言以对。

虽然他怒火中烧，却无处可以发泄，因为没人理会他的怒火。

佛祖接着说道：“盛怒之下，你对我恶语相向、百般羞辱、横加指责，而我却不为所动。所以，婆罗门，真正伤害的是你自己。

“想想吧，你若迁怒于我，我却淡然处之，怒火必然反作用到你身上。那么，最终为之不悦和受伤的除了你还能有谁呢？故此，若要怡然自得，一需消除怒气，二则要有仁者之心。

“凡是对恶语相向、百般羞辱、横加指责有所反应之人，必是愿意与你分享之人。但我不与你分享，婆罗门，一切都是你的，都是你的。”

第十节

无论成败，世界依然如故，生活依旧沉浮

温布尔登中央球场的球员入口处有两行诗：

如果你能坦然面对成功与失败，

并深谙它们皆是虚幻。

在头脑中想象一下，你沿着入场的通道与这两行诗擦身而过，迈向温布尔登总决赛的比赛球场。

阳光照耀着入口通道，顷刻间，你瞥见观众席上挤着成千上万的球迷。皇室家族坐在私人包厢中，无数的长枪短炮捕捉着你的一举一动。你对女友的一颦一笑、一技回球失误、一声仰天长啸以及被汗水浸湿的运动衫——这一切都将被现场直播给全世界数亿的观众。

15年来，你没有一天不是在打网球中度过的。你从小就拿起了球拍。人人都说你是名网球奇才。于是，网球成了你人生的全部。父母抵押了房产给你请私人教练。由于比赛的缘故，你错过了毕业典礼和毕业舞会。为了不加重伤病的困扰，你牺牲了常人的生活：不能滑雪、不能畅饮、不能亲手搭建步道。

所有的这一切都是为了当下这一激动人心的时刻。

赢了，300 万美元的奖金当场拿走；输了，则什么都没有。当然，除奖金外，获胜者还将为此扬名天下、名垂青史、成为赞助商争相邀请的宠儿。毕竟，有温布尔登的冠军在，谁还会记得屈居亚军的选手呢？

那么，决赛的对手是谁呢？

毫无疑问是全世界最顶尖的网球运动员。

而此时此刻，就在你行将踏入赛场、面临你人生当中最为关键的比赛时，你看到了墙上的这两行诗。

如果你能坦然面对成功与失败，

并深谙它们皆是虚幻。

你不觉大吃一惊，一时间茅塞顿开。

无论成败与否，皆不过是一场虚幻罢了。故此，你应摆正心态、一视同仁，因为成与败、荣与辱是没有什么分别的。同时，将这场比赛置于你整个人生当中，无论成败与否，世界依然如故，生活依旧沉浮。

“如果你能坦然面对成功与失败，并深谙它们皆是虚幻。”你的对手就是你自己。

于是，你放松了心情、深吸了一口气、微笑着走上了赛场。

墙上虽没写明诗的出处，但其实，这首诗是出自拉迪亚德·吉卜林的手笔，创作于 1895 年，诗的名字叫《如果》。

吉卜林生于印度，是英国著名的短篇小说家、诗人，诺贝尔文学奖得主。同时，他还被誉为是英国最受欢迎的诗人。

《如果》一诗共分 32 行，是吉卜林为了鼓励儿子约翰（John）充满自信、接纳自我、从我出发而创作的一首美妙的诗歌。

《如果》

拉迪亚德·吉卜林

如果众人都失去了理智并将其归咎于你，
你却可以保持头脑清醒；
如果众人都对你心存疑虑，
你却可以自信如昨，并原谅他们心中的芥蒂；
如果你能耐心等待，心平气和，
或遭人诽谤嫉恨，却不以眼还眼；
装扮切莫浮华，言语切忌张扬：
如果你能梦想，莫要在梦想之下臣服；
如果你能思考，莫要在空想之中沉迷；
如果你能坦然面对成功与失败，
并深谙它们皆是虚幻；
如果你能淡然忍受你所说出的真理，
被无赖歪曲，用以误导世间的痴者；
或目睹你呕心沥血造就的一切被人摧毁，
却能俯身屈就，用破旧的工具将其修复如初。

如果你敢以昔日的辉煌为赌注，
冒险将其在顷刻间一把输光，
却勇于从头开始，永不言败；
如果你敢以昔日的稳定为代价，
突破自我，独辟蹊径，
并听从意志的安排：“坚持不懈！”

如果你能与庶民谈笑风生却不丧失德行，
或与君王为伴却无半点做派；
如果宿敌与挚友都无法伤及于你；
如果所有人都对你重要，却又无人过于重要；
如果你能珍惜时间、分秒必争，
那么，世界上的一切就是你的，
而你，我的儿子，也将成为顶天立地的男子汉！

请时刻谨记第二条秘诀。若要不受批评的左右，该如何行事呢？

切记一定要从我出发。

第十一节

我不袖手旁观、评头论足……我只管做

从我出发。

小的时候，我总是问堂兄，为什么我觉得美国职业篮球联赛（NBA）还没有美国大学生篮球联赛的四强赛（NCAA Final Four）精彩呢?

“我就是搞不懂”，我说。“这些大学生都是拼了命地跑、鱼跃救球、后仰投篮，脸上还时刻挂满了爽朗的微笑。可一调到美国职业篮球联赛的比赛，就只见得分后卫在场上闲庭信步。替补队员都纹丝不动地在板凳上坐着，既不起来观战，又不朝场上狂喊为队友加油鼓劲。”

听了我的话，堂兄笑道：“大学生打篮球是没有报酬的，或许他们永远都不会有。他们打篮球纯粹是出于个人对这项运动的热爱，没有掺杂任何的杂念。”

他的话响若洪钟。

大概还是在那个年纪，我特别喜欢将父母的零钱摞起来卷成卷。这样，他们每隔几个月就可以将这些积少成多的零钱拿到银行存起来。

我特别喜欢整理这些硬币，数一数每卷有多少枚硬币。我还特别喜欢将这些硬币立着放，并用手指紧紧捏住两头。

而且，我还尤其喜欢将这些硬币用光滑的纸片包起来，然后再紧紧地封住两头。总之，将满满一存钱罐的零钱摞成沉沉的一小摞是很有满足感的。

后来有一天，妈妈对我说："尼尔，你可以从这些零钱中拿 10% 作为你的零花钱。"过后，我就只卷 10 美分和 25 美分的硬币，不去管那些小面额的 5 美分和 1 美分的硬币了。

我应付说回头再弄。为此，妈妈感到失落极了。因为我为了从一卷 25 美分中挣到 1 块钱，就不愿再为了那区区 5 美分费心去整理那 50 个 1 美分的硬币了。

从我出发。

博客点击量、成绩单、工作考评都是我们优秀与否的体现，并施以金钱、升迁或者好评等作为外部奖励。然而，这些外部奖励往往会掩盖内在动机。这么一来，本来满场飞奔的篮球运动员自然就不愿卖力了，而是在场上闲庭信步；而对那些具有评判权的人，我们自然也就开始迎合了。有谁还会再去甘冒风险呢？

请时刻谨记，**真正有价值的人不是那些善于吹毛求疵的批评家，而是在竞技场上角逐的勇者。**选择一种你所追求的成功，给予自己和他人高度的评价，历经掩饰、道歉直至接纳自我。这诚如佛祖所言，就让别人对你的指责物归原主吧。

从我出发。

最后，我们以一则故事来结束秘诀二的讨论。

约翰·列侬是整个人类历史上最独立的艺术家之一。他当之无愧地做到了“从我出发”。我相信，凡是取得了像他一样的销售成功和社会成功的人，大多数都绝不可能轻言离开披头士乐队。

然而，他却不同。1969年9月，他私下里透露给保罗、乔治和林戈，他要退出乐队。

十多年后，就在他行将辞世的几周前，列侬接受了《花花公子》的专访。这次专访可谓是轰动一时。对方问他离开披头士乐队后创作的音乐是否还刻有当年的影子。

相当难缠的问题。

但你猜列侬是如何回答的？

“我不想对《我是海象》和《想象》孰优孰劣做任何评判！那是别人的事，那不是我该操心的。我只管创作。我不是那种爱袖手旁观、评头论足的人……我只管创作。”

没错，他说的就是“我只管创作”。

从我出发。

幸福至上
从我出发

秘诀之三

甩掉难熬日子里的坏心情

第一节

被杏仁体劫持的我们

抛开从我出发暂且不谈。首先我们需要了解是什么将我们的生活搞得一团糟。

杏仁体是人类大脑中最古老的组成部分，肩负着发现问题的职责，就如同一台问题扫描仪。

想想看，就在你的大脑里藏着一台问题扫描仪，不分白天黑夜地运行着、工作着。

当这台仪器发现问题时，或者疑似有问题出现时，你的身体就会在肾上腺素和应激激素的刺激下启动“迎战或者逃窜模式”。

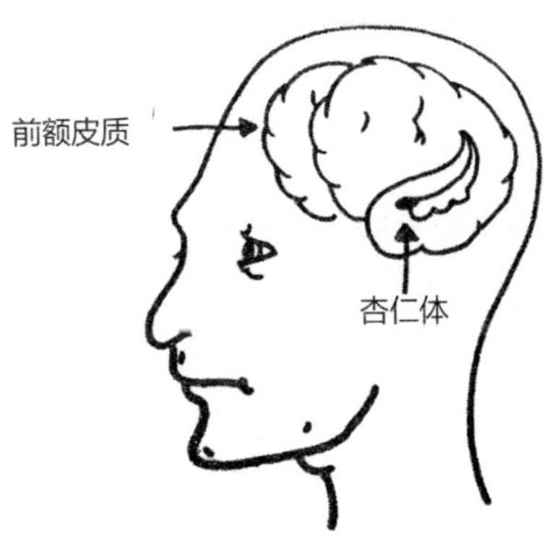

畅销书《情商》的作者丹尼尔·戈尔曼指出，“这部分情绪组织形成较早：在这场殊死的博弈中，不是你死就是我活”。故而，他形象地将大脑对身体的控制称之为杏仁体劫持。

还记得第一条秘诀告诉我们的为何难以收获幸福的原因吗？人人都有消极的想法。这些想法警告我们远离危险，并通过强烈的情绪反应保护我们。

譬如，当你在辽阔的草原上发现一只剑齿虎正在数百英尺外虎视眈眈时，你就需要那台问题扫描仪及时预警，警示你遇到了危险。

话说回来，就算是被重达 2000 磅的大猫追赶的警报解除了，杏仁体依然还是我们大脑的一部分，是我们生命的一部分。

这场头脑中的战争告诉我们一个不争的事实：**没有人可以控制自己的情绪，我们所能做的就是控制对情绪的反应。**

除杏仁体外，大脑中还有一部分专门负责理性思维的前额皮质，属于大脑中的新成员。

大脑的这部分包含着人类最复杂的想法。姑且就将其比喻为一盘平复心境的磁带吧！播放着静谧的音乐，渐入沉思冥想，奉劝我们三思而行。总之，前额皮质可以帮助我们慎思笃行，借助我们的语言和能力去解决复杂的问题。

有时候，那台问题扫描仪和这盘平复心境的磁带会同时开大音量。

比如，在某个午后你被派去向首席执行官汇报工作。霎时间，问题扫描仪的红灯闪个不停，发出令人心烦意乱的闹铃声，叮铃铃铃铃……

而与此同时，从那盘平复心境的磁带中则传出了阵阵鸟儿啾啁、浪拍海岸的天籁之音。这是你的大脑在决断、在思索，以免你莽撞行事。

这就是一场大脑内部的战争！

对阵的双方是那台问题扫描仪（杏仁体）和那盘平复心境的磁带（前额皮质）。

第二节

如何对抗我们被培养起来的欲望

第二战的对阵双方是**贪婪**和**知足**。

在当下的社会，贪婪的文化取代了知足的文化。

这是种新风尚吗？不是，不过是种愈演愈烈的趋势罢了，早在 100 多年前就在人类社会中产生了。

这种文化变迁和波普・莫曼德休戚相关。波普 1887 年 5 月 15 日生于圣地亚哥，21 岁时迁至纽约居住，是《纽约世界报》的素描画家。

结婚后，波普在业内小有名气，于是和太太搬到了锡达赫斯特。这是位于长岛的一片近郊住宅区，住的都是豪宅里的富人。

尽管莫曼德一家享受到了高品质的生活，但波普和他的太太却惊诧地发现，与左邻右舍漫无止境的攀比搞得他们是欲罢不能、身心疲惫！

为此，他们放弃了奢华的生活，重新搬回了曼哈顿，住进了穷人区的一间公寓中。随后，波普根据他的那段在富人区生活的亲身经历创作了一部幽默连环画并交给了老板。

他给这部幽默连环画取名为《赶上琼斯家》（他原本取名为《赶上

史密斯家》，但考虑到琼斯更朗朗上口，就改用了现在的名字。）该连环画的主人公是虚构的麦金尼斯一家。对上层社会的痴迷主宰了他们的全部生活。琼斯夫妇从没在连环画中出现过，可以说是连环画中的波卡鲁，但他们俩却如同挥舞着一支魔法棒，左右着麦金尼斯一家的生活。

以下就是第一集《赶上琼斯家》，出版于100多年前的1913年：

《赶上琼斯家》

波普作

1. 女：进来，亲爱的！我有个大大的惊喜给你！

猫：嘿，过来，喵喵。

2. 女：用粉袜子和红领结搭配。

男：粉色？

猫：难道不大吗？

3. 女：还有一副柠檬色的手套。

男：柠檬色？

猫：太花哨了吧！

4. 女：还有一对绿色的鞋罩和一顶小的毛绒帽。

男：绿色？毛绒？

猫：咯吱咯吱！咯吱咯吱！

5. 女：啊！我亲爱的，现在我们总算可以骗骗琼斯家的那个傻女人了，世界上不只她丈夫是可以穿粉袜子、戴毛绒帽的阿多尼斯。哦，你看起来是多么有贵族气质啊，我的阿洛伊修斯！

男：又来了，又是该死的琼斯。

猫：他肯定是贵族范儿十足的。

6. 男：去他的琼斯和粉袜子吧！给我来一大杯杰瑞酒！

这部连环画简洁有力、尖酸刻薄地反映了社会上对相对财富日益增长的痴迷。最终，这部连环画大获成功，在几百家报纸上连载了长达 28 年之久，同时还集结成书，被改编成了电影和音乐剧。

梅格·雅各布斯在其《技术与文化》中如是描述了贪婪文化在 1890 至 1930 年间的发展：

“随着新技术使大规模生产和大规模运销成为了可能，美国人不再满足于目前所拥有的一切，导致整个社会物欲横流。嫉妒，亦不复是罪恶的表现，反倒成了新的消费经济的命脉。”

美国人不再满足于目前所拥有的一切，导致整个社会物欲横流！

一战后，新的大规模生产技术催生了诸如洗衣机、电炉以及罐装食品等便利产品的大规模营销。人人无不趋之若鹜。接着，购买房子等大件商品的分期付款模式日益盛行。一夜之间，广播将商业广告送到了千家万户。购买力成了推动经济发展的主要动力！

“我们必须实现美国从需求文化向欲望文化的转型”，莱曼兄弟公司的保罗·马祖在 1927 年的一期《哈佛商业评论》上写道，“必须培养普通民众的欲望，使他们喜新厌旧。我们还必须在美国形成一种与过去不同的心态。人的欲望必须凌驾于基本的生活需求”。

更多、更多、更多，人人都渴望获取更多。

我们生活在一个越多就意味着越好的世界里。简直是一派胡言！过了 100 多年，我们还不是依然活在《赶上琼斯家》的时代里吗？

两三年前，一个周五的傍晚，我在上司凯西的办公室整理完记录正要离开时，我询问了他孩子们的近况。凯西是部门主任。他的办公室在整个公司可是独一无二的，墙上装饰着抽象派画作，办公桌旁摆放着一排皮质的座椅。

“他们都很好，多谢你的关心。今晚，他们兴致勃勃要把他们在学校亲手设计的应用软件展示给我看。”

“哇哦，真是太酷了！”我抬起头看着凯西，“他们有自己的笔记本电脑吗？”

“是的。”他面带微笑地看着我，表情似乎带着些负罪感。

他看到我笑了笑，就继续道：

“瞧，我的孩子是幸运的……这一点，你我都清楚，可是，孩子们对此却浑然不知。他们对这个世界有自己的看法。我们住在一所大房子里，他们上私立学校，有自己的电脑，但是他们学校里的朋友要去欧洲过长周末。他们的一个朋友家里有一个室内篮球场。昨天我儿子刚一放学就问我，为什么我们家没有篮球场呢？”

可见，贪婪的文化对我们所有人都影响至深！

我们该何去何从呢？

第三节

有一种东西，诸多亿万富翁求而不得

你体内的问题扫描仪每天都在尽职尽责地工作着。当你遇到大麻烦时，自然可以帮你排忧解难，可若是放在平时，则会给你带来巨大的压力。

此外，我们都生活在贪婪文化与知足文化此消彼长的环境中。放眼望去，皆是种种物质的欲望。

是的，你大可躲到林中的小屋图清静。但我们可受不了思念你的煎熬。所以，求求你，千万别一走了之。

退一万步讲，大不了就是在这些没有硝烟的战争中死守。然而，我们究竟该从哪里下手呢?

首先，必须要时刻铭记诸多亿万富翁求而不得的一件东西。

库尔特·冯内古特和约瑟夫·海勒是两位20世纪久负盛名的作家。他们创作的诸如《五号屠宰场》《第二十二条军规》等经典作品的销量都达到了几百万册。他们俩是莫逆之交。海勒去世后，冯内古特在《纽约客》上发表了一篇悼文:

我保证，这是一个真实的故事：约瑟夫·海勒，这位重要的、幽默的作家现如今已离开了我们。

有一次，我们俩共同参加了一位亿万富翁在谢尔特艾兰举办的一场宴会。

当时，我问他："乔，你是如何知道宴会的主人昨天一天赚的钱都有可能比你的小说《第二十二条军规》所有的版税还要多呢？"

乔答道："因为我拥有他永远也无法拥有的东西。"

我又问道："那究竟是什么呢，乔？"

他又答道："我已经获得了足够的知识。"

太妙了！安息吧，我的朋友！

第四节

希腊哲学家与滚石乐队的共同之处

希腊哲学家埃皮克提图说过：“真正的财富不在于多得，而在于无缺。”

我姑妈家厨房的墙上挂着一句著名的波斯格言：“我因为没鞋子穿而落泪，直到遇见了一位没有双脚的人。”

滚石乐队在歌里面唱道：“你无法，总能得到，你想要的东西。你无法，总能得到，你想要的东西。你无法，总能得到，你想要的东西。但如果你勇于尝试，或许你就能得到——你就能得到你需要的东西。”

第五节

当 100 万美元变得毫无意义

一想到贪婪文化所引发的问题，我就不禁会想起我和我的朋友乔西·坦尼希尔在一次晚宴上的谈话。

乔西原本是他们公司的首席执行官。可现在却被降为了顾问。年薪也从以前的两三百万降到了一半。按理说，这还是份体面的工作吧？不过是稍稍降了点级罢了，可责任还少了呢，比他以前的预期可强多了。

在宴会上，我就问他对新工作感觉如何。

"老实说"，他答道。"我真怕会入不敷出。多娜开了家设计公司，一直在赔钱。但她却乐在其中。我们还在旧金山北部建了一家养老院，工程刚进行到一半，开支是越来越大。另外，玛莎葡萄岛还有我们的一处房产，用于每年国庆日和感恩节的家庭聚会。自从工作发生变故后，我们就在这儿常住了。可船、税以及维护的费用却高得吓人。两个孩子还在读研究生不算，还得给老大贴钱。说实话，我真不知道该如何是好了。"

我为乔西感到深深的遗憾。他的生活充满了痛苦，深受贪婪文化的毒害。

那么，该如何应对这种窘境呢？

好了，是时候揭晓我们的秘诀了。

1. 莫
2. 忘
3. 变
4. 数

莫忘变数。该怎么理解呢？

就是说要时刻意识到杏仁体劫持的存在，要时刻意识到贪婪的欲望，要时刻心怀感恩之心，要时刻谨记知足常乐！最重要的是，要时刻谨记多未必就是好。

莫忘变数。

第六节

墨西哥渔夫的故事

一条船停靠在一座小渔村。

这时，一位戴着昂贵太阳镜和手表的游客从渔夫身旁路过，对他捕到的鱼赞不绝口，并问他捕到这些鱼花了多久。

“没花多少工夫。”渔夫答道。

“那你何不多待一会儿，多捕点儿鱼呢？”游客道。

渔夫解释说：“这些鱼足够我和我的家人吃饱肚子了。”

游客紧接着问道：“那你如何打发剩余的时间呢？”

“睡睡懒觉、钓钓鱼、哄孩子玩玩、和妻子睡睡午觉。到了晚上，我就去村里找朋友一起喝几杯，弹弹吉他唱唱歌。过得充实得很呢。”

游客忙说道：“我是工商管理硕士，我给你支一招吧！你应该多捕会儿鱼，吃不了的，就拿到市场上卖掉，用挣的钱换条大点儿的船。”

“然后呢？”渔夫问道。

“然后？然后你就接着换第二条、第三条船呗，直到拥有一整条船队为止。到那时，你就可以跨过中间商，直接和加工厂谈条件了，保不齐还能自己开家厂呢。”

“这大概得需要多长时间呢？”渔夫问道。

“至多 20 到 25 年吧。”游客答道。

“那么，再然后呢？”

“再然后？老兄，那时你就赚大发了”，游客笑道，“生意做大了，你就可以炒股票，成为百万富翁了！”

“百万富翁？真的假的？那再然后呢？”渔夫追问道。

“再然后你就可以住在海边的小村庄里安享余生了，睡睡懒觉、哄孩子玩玩、钓钓鱼、和妻子睡睡午觉，晚上再去找朋友小酌几杯、弹弹吉他。”

第七节

难熬的日子如何不再消极

墨西哥渔夫是自给自足的。他不需要在乎变数。他深知自己是生活的赢家！

但你我可就没有那么幸运了。我一周起码要经历那么几回备感压力的时刻。比如，绿灯亮了，前面的车还不走；杯子掉在厨房的地上摔碎了；下周有稿子要赶。可以说，用危机四伏形容我的生活一点儿也不为过。我的神经根本经不起任何的差错。

对此，采取的措施是：

莫忘变数。

每逢遇到问题时，我采取的都是由近及远的方式。

记得小时候，我时常躺在床上，想象自己的身体扶摇直上，飘过了我的床、我的房间还有我家的房子。然后，想象自己的身体飘得更高，飘过了左邻右舍的房子，飘过了城市的上空，飘过了九霄云外，飘向了太空。这时，我鸟瞰着城市中的万家灯火，想象着烦恼被留在了那里，没有什么大不了的。

莫忘变数。

下面，让我们一起试着做一下吧。与临近的天王星、海王星、土星和木星相比，地球显得是如此渺小。假如地球是一只高尔夫球，它们就如同是网球和保龄球。而太阳呢？和地球相比，它的体积可比一座房子还要大呢！

随着距离的持续拉远，成千上万颗犹如太阳般巨大的恒星布满了整个银河系。

何谓银河系呢？就是在重力的作用下形成的星际气体和星际尘埃。据科学家推测，仅我们所在的银河系就有 60 万颗恒星。

没错，太阳不过是这 60 万颗恒星中的一颗。继续将距离拉远！但宇宙的边界要比我们想象的广阔得多。到底有多广阔呢？大家以前见过这个吗？

这就是哈勃望远镜，世界上最大的望远镜，其用途在于从太空拍摄太空照片。20 多年前，哈勃望远镜被发射升空，漂浮在宇宙之中最黑暗深邃的角落，每隔数月完成一次拍摄任务。快门关闭后，照相机被送回地球冲洗照片。猜猜看，我们看到了什么？

我认为是有史以来最为美轮美奂的照片。

下一页图片上的每一个亮点都是一个银河系，每一个亮点都是由成千上万颗恒星组成的。

在漫无边际的浩瀚宇宙中，没有任何其他的地方有人类存在，没有任何其他的地方有空气、有水、有植被，也没有任何其他的地方有邂逅、有相爱、有生命的孕育。

我们生活的地球是唯一适合生存的家园。

卡尔·萨根说过："据说，天文学是一种教人谦逊、铸就个性的体验。在这个世界上，还有什么比从遥远的宇宙观测到的渺小的地球更能印证人类自负的愚蠢呢？对我而言，天文学注重的是与他者和谐相处，保护、珍惜我们唯一的蓝色家园。"

我们生活在这颗美丽的、蓝色的圆点上。故此，在这颗星球上，在这颗我们赖以生存的星球上，必须要好好地活着。我们必须懂得，大多数曾经活在这片乐土上的人都化为了云烟。

时至今日，地球上共有 70 亿人口，而在整个人类历史上，人类的总人口则高达 1150 亿。这就是说，其中有 1080 亿都已经故去了，占了人类总人口的绝大多数。换言之，在曾经活过的 15 个人当中，有 14 个永远都没有机会再看到一次日落、再吃上一碗巧克力冰激凌、或是再亲吻一下孩子给他们道晚安。在曾经活过的 15 个人当中，有 14 个永远都没有机会再嗅着邻居家的烧烤味漫步，再在周日那天将枕头翻个个呼呼酣睡，或是再和朋友一起在漆黑的厨房中吹灭生日蛋糕上的蜡烛。

活着就意味着你是人生的赢家。

你是全世界最富有的人之一。世界的平均收入是 5000 美元。如果你的收入超过了这个数，就说明你属于那前 50% 的人。超过了 5 万，就可以跻身前 0.5% 了。无论如何，在活着的人当中，你所缺乏的都不可能比那 99.5% 的人还多。所以，你目前需要做的是，花钱买这本书，花时间读完这本书。如是，你必将受益匪浅！

你所拥有的一切几乎超过了地球上的每一个人。

在最艰难的日子里，你必须排除消极想法，以退为进，莫忘变数。

因为你已经是人生的赢家了。

幸福至上

从我出发

莫忘变数

竭尽所能

我多么渴望过的是忠于自我的生活，而不是别人期望中的生活啊！

——一名临终关怀护士口述的临死者最大的遗憾，刊自《卫报》

记得我将不久于人世的现实是我人生当中遇到过的最重要的工具。它帮助我做出了无数重大的抉择。在死亡面前，世界上几乎所有的一切——所有的外部期望、所有的自尊以及所有对耻辱与失败的惧怕，都消失殆尽了，唯有真正有价值的东西留了下来。记得我将不久于人世的现实还使我学会了避免陷入害怕失去的陷阱。既然已是赤条条来去无牵挂，还有什么理由不去顺心而为呢?

——史蒂夫·乔布斯

时刻提醒自己。没有人和你一模一样。你就是你自己。

——Jay Z

秘诀之四

完全错误的梦想

第一节

退休的威尔逊先生死了

“他死了。”

我目瞪口呆地盯着我高中的教导处秘书心想，这不可能是真的。上周我还和他聊天来着。

“一切都太突然了”，她低语道，泪光穿透了厚厚的镜片，鲜红的嘴唇微微颤动着。“真是太遗憾了。”

威尔逊先生是我的指导老师。他的头光滑明亮，只有鬓角上还留着两撮银发。无论是指导学生安排课表、申请大学，还是为学生排忧解难，他总是戴着一副厚厚的眼镜，套着一件宽松的灰色 T 恤。

没有人不喜欢威尔逊先生。

我和他聊了聊暑假要去打工，而他则宽慰我考试时别那么紧张兮兮的。威尔逊先生具有一种冷静、长远的眼光。在他的关怀下，我们无不是气宇轩昂、胸怀宽广。

从他阔步走过大厅、跟别人问好、与学生击掌欢呼、叫着每一位同学的名字时眼睛中熠熠生辉的眼神就可以看出他对这份工作的热情。他总是面带微笑，以校为家。

上高中那会儿，政府实行的是强制退休政策。65 岁必须闪人，没有商量的余地！期限一到，政府就会赶你卷铺盖走人，靠退休金过活。你没得选择。不过，现实是几乎没人不想在 65 岁以前退休。电视广告大肆宣扬着“自由 55 岁计划”，屏幕上，白发苍苍的老年夫妇在乡间的别墅游泳、打高尔夫、驾着帆船驶向夕阳。

退休是件好事，是件意义重大的好事！多少人在退休前为之心驰神往、魂牵梦萦。

退了休，就可以随时随地、随心所欲地顺心而为。

这听起来多么具有吸引力啊！

但反常的是，退休使威尔逊先生感到郁郁寡欢。其他人也都高兴不起来。我们为他办了盛大的庆祝仪式。仪式上，有蛋糕、有音乐还有声泪俱下的学生致辞，就如同是《生命因你动听》中的最后一幕。威尔逊先生说这一刻他的心情无比激动，但他脸上牵强的笑容和热泪盈眶的双眼却透露出他真实的心境。

按照强制退休政策的规定，他退休了。

可只过了一周，他就突发了心脏病，离开了人世。

第二节

你终究是要做些什么的

托马斯·杰斐逊说过："下定不虚度光阴的决心。凡是在这一点上能够言行一致的人就不会感叹时间的不足。"

泰迪·罗斯福也说过："人生最大的奖赏就是有机会为崇高的事业倾尽全力。"

《时尚先生》的前任编辑玛莎·谢里尔如是说："一想到工作和退休，我就会时常想起狗。世界上有许多不同的犬种都需要通过工作、找到存在的价值或者从事某种职业获取幸福感。否则，它们就会狂躁地乱抓乱叫，撕扯沙发。一只工作犬需要工作，而我就是一只工作犬。"

那么，想一想，你属于那种狗呢？

如果你乐于思考、敢于尝试、勤于创造、笃于育人、勉于钻研、善于交际，你属于工作犬的可能性就很大。那么，工作犬到底具有何种品质呢？

一是勤奋工作。

二是从不放弃。

三是永不停歇。

四是拒绝退休。

可假如你喜欢狂躁地乱抓乱叫，撕扯沙发，咱们就得谈谈了。因为你终究需要做些什么，不管它是与众不同的，还是你所感兴趣的或是钟爱的。

不过，让我告诉你另外一条秘密吧。

你首先需要找到生存的意义。

第三节

每天醒来，我们都需要给自己一个起床的理由

冲绳（琉球）人的平均寿命比美国人长7年，是享有全世界无失能寿命最长的人群。中国古代的传说将这些从东海冒出的沙岛称之为“长生不老之地”。这里有打败过30多岁的前拳击世界冠军的96岁老人，这里还有用苍蝇拍杀死毒蛇的105岁寿星。这里百岁以上的老人比世界上任何其他地方都多。

《国家地理》杂志的研究人员对此极为好奇，于是展开了有关长寿秘诀的调查。最终他们发现，冲绳（琉球）人用小碟进餐，每顿只吃八成饱，而且他们还制订了一项完美的计划，让老年人像婴儿一样过群体生活，悠闲地共度晚年。

此外，他们的人生观与我们西方人亦是大相径庭。我们普遍将退休视为是在临水别墅养花弄草、颐养天年、仰望云端的黄金时期。猜猜冲绳（琉球）人是如何称呼退休的呢？

他们从来不说退休！

他们甚至连退休这个词都没有。

在他们的语言中，可以说根本就没有与完全不工作的状态相对应的

概念。

他们有一个词是“生存的意义”（发音像英语中的 icky guy“讨厌的家伙”），大概的意思是“清晨醒过来的理由”。你姑且可以将其理解为“人生最大的动力”。

在冲绳（琉球），有一位 102 岁高龄的空手道大师，将武术的传承作为他活着的意义；有一位 100 岁的渔夫将养家糊口视为他生活的价值；还有一位 102 岁的老妪，她的人生意义就是能够抱上曾曾曾孙女。

听起来是不是有点儿不可思议呢？

为此，东北大学医学部的曾根稔雅及其同事对生存的意义这一概念进行了考察。他们在日本仙台耗费 7 年之久以 43000 名成年人为对象，深入研究了寿命问题。其中，考察的因素包括年龄、性别、教育背景、体质指数、吸烟状况、饮酒习惯、运动量、职业、压力水平、病史以及自我健康评估。然后，他们又逐一询问了这 43000 人是否具有生存的意义。

研究结果显示：

一开始就声称具有生存意义的被调查对象的婚姻、教育、就业概率更高，自我评估的健康状况更好，压力水平也更低。

那么，研究 7 年下来，最终的结果如何呢？

在具有生存意义的研究对象中，95% 的人依然健在！

而这一数字在没有生存意义的人中仅为 83%。

现在，请大家猜猜我去年送给莱斯莉的圣诞礼物是什么？

没错，一张生存意义的卡片。我用画图纸制作了两张卡片，然后将它们折起来，在每边的床头柜上分别放了一张。这只花了我10美分的钱。我们俩在卡片上各自写下了生存的意义，并将它们放在了床边。她写的是“将青年才俊培养成未来的领导者”，而我的生存意义则是“时时提醒自己和别人活着是多么幸福”。我们将卡片放在了床头柜上，这样，每天一睁开眼睛就会想起生存的意义。有时候，我们还会变换下卡片上的内容。比如，我一度将我的生存意义改成了“写完《重塑自我：如何成为一个很幸福的人》”。

谈到这里，那生存意义的价值在于什么呢？

它起码是我们起床的一个理由。

每天从睡梦中醒来，发现一张写着生存意义的卡片放在枕边……我们就会清楚生活的方向在哪里。

第四节

生存的意义所在

生存意义的观念使我想起了露易丝·卡罗尔（Lewis Carroll）的《爱丽丝梦游仙境》中我最喜欢的一段对话：

一天，爱丽丝走到了一个岔路口，看见树上趴着一只柴郡猫。

“我该走哪条路呢？”她问道。

“你要去哪儿？”柴郡猫反问道。

“我也不知道。”爱丽丝回答。

“那”，柴郡猫说道，“就无所谓了”。

第五节

德国人的可怕想法毁了所有人的一切

退休是从何而来的呢？没有目标，没有生存的意义？假如你根本不知道生活的方向在哪里，选择哪条路其实都是无所谓的。

毫无疑问，每个人都会在工作中遇到不顺的日子。要么是老板焦躁易怒，要么是同事士气低沉。但就算如此，毕竟工作赋予了我们明确的目标、方向和归属感。而退休就不同了。我们被无情地从历史的车轮中拆除，尸骨被抛弃在了阴冷的沙滩上。于是，我们迷失了方向，无所事事，无处可去。永远地失去了归属！

既然如此，我们干吗还认同退休呢？

又是谁想到的这个主意呢？

德国人。

是的，退休是他们在 1889 年突发奇想的产物，并被全世界所沿用。退休的初衷是为年轻人腾出就业机会，同时由政府出钱赡养 65 岁以上的老年人直至他们去世。

然而，当下的世界和 1889 年的德国相比已然是时过境迁了。

当时的人均寿命只有 67 岁。

德国首相奥托·冯·俾斯麦在 1889 年宣称："凡是因年迈、伤残而不具劳动能力的人都有充分的理由获得政府的照顾。"鉴于退休年龄和人均寿命仅差两年，他当然敢轻易这么说。要知道，盘尼西林可是 40 年后才出现的。

俾斯麦独断专行地将世界统一的退休年龄定在了 65 岁。这个数字除了与人的死亡年龄相差无几外，根本是别无意义的。在随后的几年中，其他的发达国家纷纷效仿德国的做法，并沿用到了今天。

哈罗德·科宁是退休领域的专家。他在《退休中隐藏的目的与权力》这本书中按照年份以图表的形式将超过退休年龄却仍旧在工作的男性所占的比例列了出来：

1880 年 –78%

1900 年 –65%

1920 年 –60%

1930 年 –58%

1940 年 –42%

1960 年 –31%

1980 年 –25%

2000 年 –16%

以下有关退休历史的内容皆摘自他这本洞见独到的著作：

首先，退休——尤其是强制性退休——被绝大部分美国人视为是一种负面现象。一些研究表明，在延迟退休的情形下，50%–60% 超过 65 岁的人都会选择继续工作……"活动理论"认为，退休侵害了老年人以职业融入社会的需求……

二战后，美国的老年人越来越沦为与社会脱节的一代。整个社会既不重视他们的存在，对他们的社会贡献更是置若罔闻。相形之下，年轻人已不像从前那样在父母家附近生活、安家或是工作。出于工作的需要，他们的流动性渐渐变大了起来，时常需要到其他的州或是在全国各地奔忙。与此同时，有了退休金和应得权利计划作为保障，老年人在经济上没有了后顾之忧。而且，随着医学的进步和生活方式的改观，他们的寿命延长了，身体健康也得到了改善。为此，老年人对子女和其他家庭成员的依赖性大大降低了。于是，作家马克·弗里德曼认为，众多以休闲业为主的企业纷纷涉足这片"文化真空"，为老年人筹划他们的"黄金年代"。

第一个吃螃蟹的人是康宁公司。当时是1951年，公司召开了一场圆桌会议，准备策划一次全国性的营销活动，以培养50岁以上者的休闲习惯。他们采取的具体策略是通过大肆渲染休闲的魅力，使每一位老年人都深感休闲是他们理应享受的权利。以退休金业务为主的保险公司则大力宣传退休准备课程，鼓励老年人脱离社会，将生活的重心放在消费和自我享受上。至此，退休的概念发生了转变，象征的是一段安宁、放松、快乐的时光，成了所有美国人在奋斗了一生之后梦寐以求的一种回报……进而，劳动本身是有价值的观念被打破了。新的理念宣称，在工作中可以获得满足的心理和社会需求同样可以通过其他的方式得到满足。

1962年8月3日，《时代》杂志的封面故事报道了美国的老龄化问题。老年人有闲有钱，但就是在社会上无处安身……这篇文章着重分析了德尔·韦布公司开发的太阳城以及与之类似的分布在亚利桑那或者其他地方的休闲房产开发项目正在改变着美国人对退休的直观印象，退休如今成了自我关注与快乐的代名词……这一变化是令人震惊的。1951 年，在享受社会保险的群体中，仅有 3% 的退休者会去追求休闲；到了 1963 年，有 17% 的退休者指出，休闲是他们选择退休的首要原因；而到了 1982 年，为了休闲而选择退休的人的比例竟高达近 50%。

有利就有弊。除积极的影响外，追求休闲还导致许多老年人沉迷于自我，萌生了偏见，与年轻人产生了矛盾。更有甚者，感觉生活乏味无聊，觉得自己无论是对于社会还是对于其他的人都是个无用的人。

以下三点是需要我们牢记的：

退休是一个新的概念。20 世纪以前，退休只存在于德国。退休是 19 世纪的产物。

退休是一个西方的概念。冲绳（琉球）和大部分发展中国家都不存在退休的问题。这些地方的老年人不是天天都打高尔夫。他们奉献的对象是家庭与社会。

退休是一个毫无说服力的概念。退休所基于的是三个不成立的假设：我们喜欢无所事事而不喜欢创造；就算几十年不挣钱，我们的生活照样很殷实；就算别人几十年不挣钱，我们手里的钱照样可以维持他们的生计。

第六节

经得起改变，就经得起一切

威廉·赛菲尔是尼克松总统的御用文人、普利策奖获得者，一连为《纽约时报》连续撰写了32年的专栏文章。在起初的28年里，除每周两篇的社论对页版专栏文章外，赛菲尔还负责周日的一档有关英语语言的专栏。但随后，就在2005年，赛菲尔突然决定急流勇退，那年他整整75岁。

不过，尽管已经超过了“退休年龄”10岁，赛菲尔却并没有就此隐退。除继续为周日的专栏撰稿（社论对页版的专栏，他索性推掉了）外，他还半路出家，担任了丹纳基金会主席一职。4年后的2009年，他终因胰腺癌医治无效去世。

多么精彩的人生旅程啊！

但我真正想告诉大家的是，在2005年1月24日当天，在获悉赛菲尔推掉了社论对页版的专栏后，民众感到了前所未有的失落！因为这宣告着一个重要声音的终结。至此，大家不禁要问，他是如何谢幕的呢？毫无疑问是以他所擅长的专栏文章。文章的题目就叫作《向退休说不》。以下段落就引自这篇文章：

诺贝尔奖得主詹姆斯·沃森开启了科学领域的重大变革，是DNA结构的发现者之一。几年前，他向我开诚布公地坦言道：“永远不要退休。我们的大脑不用的话是会萎缩的。”

既然如此，在撰写了3000多篇专栏文章后，我为何还要在今天和我亲爱的读者朋友们说再见呢？首先要澄清的一点是，没有人逼我离开。我虽然已经75岁了，但依然精神矍铄，对政治的热情并没有丝毫的减弱。32年来，我始终以挑战权威为己任。最近的那篇有关海啸中的非正义现象和《约伯记》的评论文章更是吸引了众多的读者来信，其反响之大达到了我写作生涯的最高峰。

以下就是我为何离开的理由：在50年前的一次采访中，年迈的广告人布鲁斯·巴顿对我说了些类似于沃森给予我的忠告，劝我要勇于尝试新鲜的事物。我将其概括为了：“经得起改变，就经得起一切。”他欣然接受了这一说法，而我则将这句格言牢牢记在了心间，时刻感念他对我的教诲。

结合这两条忠告——向退休说不，并敢于挑战新的行业以维持神经突触的灵敏度，就不难理解我目前的所作所为。我估计，读者朋友们也都在思考长寿的秘诀吧。

我们的寿命得到了大幅度的提高。在上个世纪，美国人的平均寿命从47岁延长到了77岁。如今，随着对癌症、心脏病和中风的逐步攻克，随着遗传工程、造血干细胞再生以及器官移植技术的日臻成熟，婴儿潮一代患病的概率将大幅减少，而疾病的治愈率则会明显提高。为此，《圣经》中“古稀之年”的大限必然会被轻而易举地突破。

然而，长寿又是为了什么呢？假如仅仅是一副行尸走肉般的皮囊，而大脑完全不听了使唤，这不是给自己、给社会增加负担吗？说到底，延长寿命的终极意义并不在于身体，而在于思想的延续……

尽管“生命的结局在一开始就已经注定好了”，但回炉充电和新的刺激仍旧是不可或缺的。根据职业的不同，回炉充电的时间亦有所不同。运动员和舞蹈演员大概是在 30 岁，工人是 40 岁，职业经理人是 50 岁，政治家是 60 岁，而学者和媒体大腕则是 70 岁。吊诡的是，在我们的职业生涯中，若是很早就开始养尊处优，那么到头来，终究还是要找一份强度适中的工作锻炼脑力。辞职？没问题。但辞职的同时也使大脑丧失了接受新鲜事物的机会。

就在总统就职的这个冬天，华盛顿当局爆发了一场激烈的党派之争。这场纷争缘起于当下 20 多岁年轻人的社会保险账户问题：到了 2040 年，他们的社会保险账户是否需要保护？又该如何保护？我敢断言，我们迟早要自食其果。要知道，个人的经济安全关乎的可是免于恐惧的自由问题。

可现如今，又有多少人在为我们的社会活动账户未雨绸缪呢？知识更新并不是一项崭新的大型政府计划；而确保持续的社会交往亦不会导致赤字的扩大。未雨绸缪，不仅可以赋予退休新的价值，还可以抓住时机迎接人生的第二个高潮。

医学和遗传科学毫无疑问将延长人类的寿命。随着神经科学的发展，老年人拥有敏捷的思维也不再只是空想。面对这天赐良机，人人都应该牢牢把握住机会，做到体力与脑力的物尽其用。

唯有经得起改变，活到老学到老，时刻保持工作的状态，才能经得起一切。

工作赋予了我们太多，每天都有免费的小礼物馈赠。礼物虽小，但其价值却是金钱无法衡量的。正是有了它们的存在，我们的生活才变得如此丰富多彩。从称心如意的工作中获得的自由不知要胜过生活空虚的痛苦多少倍呢！

第七节

除了金钱，我们还可以在工作中获得更重要的东西

为什么要工作呢?

下面，让我们分门别类地逐一分析一下工作中的四大收获。

社会性是人类幸福的最大动力

让我们将时间追溯到 120 万年前。那时，世界上还没有网络、没有电脑、没有电视、没有报纸、没有你的父母、没有汽车、没有你的祖父母、没有房子、没有你的曾祖父母、没有城市、没有自行车、没有电灯、没有衣服、没有珠宝、没有音乐、没有艺术、没有语言、没有婚姻、没有火种、没有武器。总之，我们所知道的一切都还没有诞生。

除树木、水和灰尘外，地球上是一望无际的虚无。

转眼间，人类出现在了非洲平原上。但当时，人类的命运可以说是前途未卜。我们既不会飞翔，又不会游泳；既没有锋利的爪子，又没有硕大的牙齿；论速度，拼不过犀牛，论力量，打不过猩猩。而且，我们的眼睛在黑暗中根本发挥不了丝毫的作用。一切看似都不容乐观。不知道什么时候就得沦为猎豹和剑齿虎的美餐，被那匕首般锋利的爪子撕得粉碎，被那奇长无比的牙齿咬得稀烂。

然而，时隔 120 万年后，人类的命运发生了惊天的逆转，跃居为地球的主人。而昔日那些凶猛的飞禽走兽则大多已经灭绝了。

瞧！这就是人类的秘密，就藏在两只耳朵中间。人类的大脑是全宇宙最复杂的事物，是它帮助我们统治了整个地球。

在过去的 120 万年里，人类的脑容量增加了一倍。人口数量也增至 70 多亿。

在大脑的作用下，人类发现，在下雨天可以用空的鸵鸟蛋收集雨水，在干旱时可以将中空的草秆插到土里聚集水分；在大脑的作用下，人类发明了长矛和匕首，以便捕杀猎物、获取食物；在大脑的作用下，人类创造了语言，习得了相互沟通的能力。此外，大脑还教会了人类在部落的群居生活中相互依存，使人懂得了怜悯，懂得了相互帮助。

大脑为人类演变成地球上最具社会性的物种奠定了坚实的基础。简言之，在那个荒蛮的时代，没有社会性……就意味着消亡。

今天，一次又一次研究表明，社会性是人类幸福的最大动力。

《纽约时报》畅销书作者丹尼尔·吉尔伯特在他的《跌倒的幸福》中写道："假如我要预知你的幸福并只能了解你一点，那么，无论是性别、宗教信仰，还是健康状况、收入水平都不是我迫切想要知道的。我真正想了解的是你与朋友和家人的关系是否稳固。"

别人老是问我：你在沃尔玛工作，是什么意思？难道你不是每时每刻都在写书、演讲吗？

别开玩笑了，这怎么可能？我如实告诉他们，整天关在黑暗的房间里对着刺眼的屏幕，还不得疯了！那种生活简直太孤独了。我肯定会怀念工作所涉及的社会交往的。

工作之所以重要，其首要原因就在于它具有社会性，而这种社会性为我们的生活增添了许多的色彩。

拼车、工作指导、开放的工作环境、团队慈善、会议、听众群、致谢邮件、周五的团队早餐、会前表扬、商业图书俱乐部、午间跑步团、社交晚宴、健身伙伴，甚至是闲聊会议中的权术，不一而足。

幸福需要社会性，而工作是对社会性的极大促进。

统筹性让我们尽情热爱生活

沃伦·巴菲特、Jay Z、巴拉克·奥巴马、奥普拉·温弗瑞、布拉德·皮特、马克·扎克伯格、波诺、艾伦·德詹尼斯以及比尔·盖茨之间的共通之处是什么呢?

没错，他们都是名人和有钱人。但此外，还有什么呢?

他们一周的时间都是 168 小时，不多不少刚刚好。

就算是世界上最有钱的人也买不到更多的时间，正所谓寸金难买寸光阴。

故此，我们的问题不是如何创造更多的时间，而是如何有效地利用时间。我们无法获得时间，但我们却可以利用统筹方法争取到更多的时间。

而工作就具有这种统筹性。

具体而言：

首先，168 小时的好处在于，它可以被 3 整除。

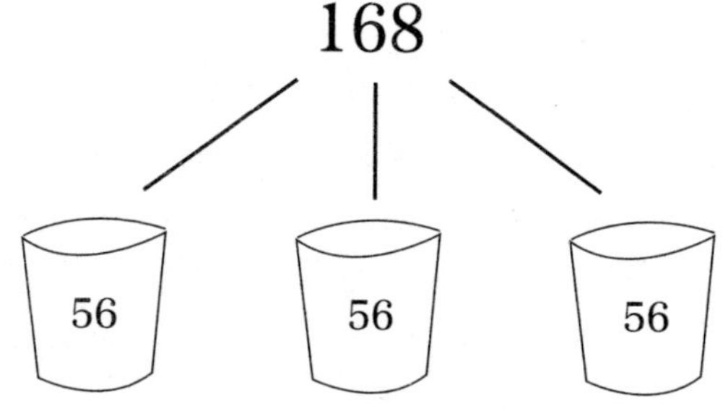

恭喜你！你一周的时间被分成了 3 个 56 小时。

从每周一的凌晨开始，地球上的每一个人都获得了 168 小时的时间。而且，必须在下个周日午夜的钟声敲响以前度过每一个小时。因为时间是人为了合理安排混乱的生活而人为规定的，因为时间是毫无代价、唾手可得的……所以，没有人会为时间的流逝感到痛心。

一方面，我希望可以每晚睡足 8 小时，但真正做到的时候并不多！而另一方面，医生和研究又总是喋喋不休地强调 8 小时睡眠的好处。其实，大多数人的睡觉时间都是受个人支配的，照料新生儿的人除外。需要声明的是，这里所说的睡觉时间指的是躺下休息的时间，而不是起床的时间。按此计算，一周 7 天，每晚睡 8 小时，一共花掉多少时间呢？

没错。

共花掉了 56 小时，一周三分之一的时间。

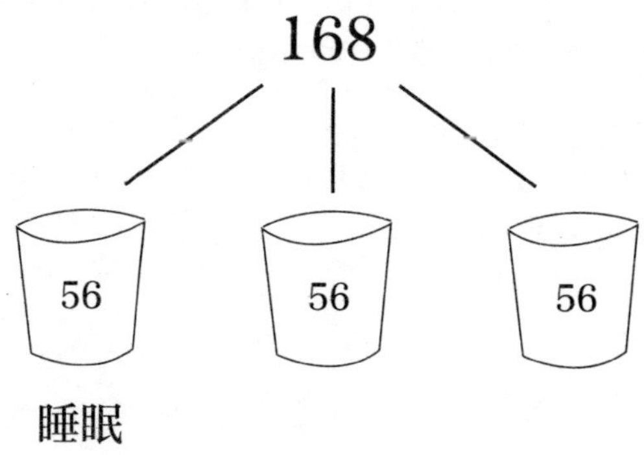

我在沃尔玛从事的是一份全职工作。一周除正常工作 40 个小时外，还要计算通勤时间、考虑工作的时间、准备工作的时间、打电话谈工作的时间。这些不都算是工作吗？有时候，我还要在家给同事、给老板发邮件，偶尔还需要加班到深夜。这样算下来，你知道工作花了我多少小时吗？

没错。

又是 56 个小时。

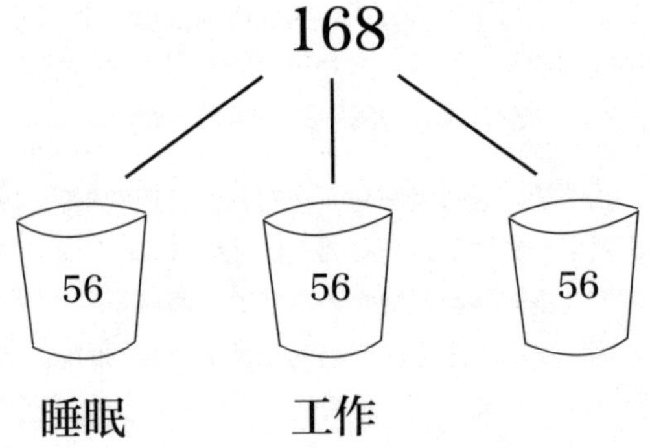

对大多数上班族而言，这幅图都是大同小异的。三分之一的睡眠时间，三分之一的工作时间。此外，还有一个重大发现：我们足足还余有 56 个小时的时间可供使用！如果你的觉没那么多、工作又没那么忙，那么，恭喜你！比我拥有更多的剩余时间。

这就是你的第三部分时间。

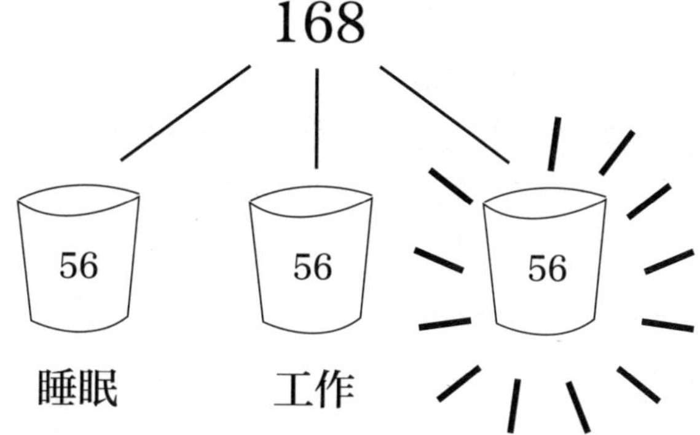

这样一来，你每周都拥有大把的空闲时间！利用这部分时间，你可以出去吃饭、和朋友聚会、带孩子看电影、踢球、慢跑、举重、给亲朋好友打电话、指导孩子所在的棒球队、在咖啡馆写作、听音乐、熬夜或者与爱人亲密。

我们能够享受到这种休闲愉快的时光是与工作密不可分的。

合理地统筹了时间，我们才能心无旁骛地将精力投入到工作中去，然后尽情地享受快乐的时光。

是工作提供了这种统筹性！

同时又是工作为这种统筹性买的单。

假如没有了一周五天的工作制，没有了朝九晚五的作息，我们的生活必然会沦落得渺无目的。到那时，你就会感到对工作的渴望、对金钱和社会刺激的渴求，并且总是希望通过与家人、朋友和孩子的朝夕相处弥补这种失落的心情。

想想你是如何度过这闲暇时光的吧！

以我为例。在以往近十年的日子里，整理博客、撰写《生命中最美好的事都是免费的》及其续篇、巡回演讲、举办工作坊、创建“全球幸福研究院”、构思这本关于幸福生活的书占据了我所有的空闲时间。与其虚度光阴，莫若乐在其中！

这足足花去了我十年的光景。

归根结底，我想说的重点是，闲暇的时光需要倾注激情。正所谓，无激情，不生活。你一定要明白该如何享受这份难得的恬适。

确信你所做的一切都是你发自内心的至爱。

新鲜感是工作赋予我们最大的快乐

我喜欢和 3 岁的孩子待在一起，喜欢他们看待世界的方式，因为他们眼中的世界就仿若是初见。一只横穿便道的虫子足以让一个 3 岁的孩子一动不动地盯上半个小时；人生的第一场棒球赛足以令一群 3 岁的孩子惊奇万分，沉浸在击球的一刹那、沉浸在胜利的欢呼中、沉浸在爆米花的香甜中；同样，一个 3 岁的孩子还可以一整个下午都在不辞辛苦地采摘后院的蒲公英，只为给餐桌增添一分美感。

对一切保持新鲜感就如同是找回了一颗 3 岁孩子般的童心。

每天，我们都能在工作中碰到成百上千极易被忽略的小快乐。是工作赋予了我们享受这些快乐的机遇。

与会者对你的发言点头认同、修理人员帮你修好了复印机、吃完午餐找到了一个好车位、会议提前结束、同事教会了你如何使用电脑的快捷键、办公室茶点区还留着一块蛋糕、压着点儿出色地完成了一项大工程、有人为庆祝你的生日精心布置了你的卧室。

我到不同的公司演讲，都会要求台下的听众在30分钟内写下一桩在工作中遇到的贴心事。我们预先在每个座位上放了一张提示卡，要求听众将自己手中的卡片与一名以前从未说过话的同事进行互换。然后，他们要在大庭广众之下将卡片上的文字读出来。大家当场意识到，在短短几秒钟的时间里，就想出了数千件贴心事。

“水壶中有热水，这样就用不着我去烧水了。”

“我要约见的人比我到的还晚。”

“老板对我说了声‘谢谢’。”

可见，在我们生活的世界里，工作给我们提供了一个学习、发现新鲜事物的场所。同事与同事之间是平等的关系！但各自的年龄、背景、经历和想法却是千差万别。这些都是我们在朋友和家人身上所无法完全得到的。

而退休呢，则剥夺了我们继续学习、认知、感悟崭新世界的机会。

使命感让人生妙不可言

J. A. 麦克威廉在《英国医学杂志》上称，对人的心脏施以电脉冲可以引起“心室收缩”。换言之，对心脏施以电击可以使心脏恢复跳动！于是，心脏起搏器在1899年应运而生。20世纪20年代，出现过一种不成熟的心脏起搏器。这种起搏器的两头，一头连着心脏……一头插在墙上的插销里。效果的确不错！可就怕停电，一旦停了电……人命就不保了。1928年，在澳大利亚的悉尼，为了救治一名死胎，还在使用这种起搏器。10分钟后，婴儿的心脏恢复了跳动。为此，一切在顷刻间又出现了转机。20 世纪 30 年代至二战前夕，起搏器的发展销声匿迹了。其间，既没有任何的改善，又没有任何新技术的产生，更谈不到什么商业推广了。问题到底出现在哪儿呢？寻根究底，原来是心脏起搏器沦为了一种禁忌。人们觉得起搏器“使死人死而复生”，完全是对自然规律的亵渎。这些人肯定是僵尸电影看得太多了，才会有这种离奇古怪的想法。终于，在 20 世纪 60 年代，美敦力公司生产的可植入式心脏起搏器受到了广泛的欢迎。

我之所以给大家讲这些，是因为这家公司本身就是具有使命的。那么，该公司的使命何在呢？其宗旨是怎样的呢？他们所致力的又是什么呢？一言以蔽之，该公司的宗旨就是：

减轻病痛、恢复健康、延长寿命，为人类谋取福祉。

多么感人至极、妙不可言啊！这绝对是一桩伟大的使命。如果你是这家公司的员工，你就会对此深有体会。“我的工作就是帮助人类延长寿命、恢复健康。”而且，为强化员工的使命感，公司还将这种企业文化透明化。除办公室墙上贴满的标语外，公司还邀请病人在大会上朗读这些医疗设备如何影响了他们的生活。你能想象当一位 11 岁的小女孩登台大声朗读“感谢你们，是你们使我的爸爸在心脏病突发后又多活了 8 年。没有你们，就没有这些美丽的照片和美好的回忆”时，你内心的感触是怎么样的吗？

我敢说，你一定会为之动容的。

每个公司都有不同的使命！

可口可乐公司旨在给世界送去快乐；哈佛商学院意在培养能够改变世界的领导者；脸书是要加强世界的联系；维基百科致力于将免费的知识普及给每一个人；红十字会以预防、缓解人类的病痛为要义；谷歌则是以汇聚世界咨询为宗旨。

使命！

在工作中，你就会成为一个组织的一分子。假如你是图书馆的志愿者，你就要向大众普及知识；假如你是大学老师，你就要为社会培养人才；假如你是所在城市里拥有最多读者的博主，你就是在创造社群。

退休则不同。

它会使你丧失使命感，脱离群体。这都会阻止你拥有生存的意义！

所以，**千万不要放弃工作的机会。**放弃工作就意味着放弃每天从工作中汲取的社会性、统筹性、新鲜感和使命感。

此外，你还要弱化金钱的影响。

否则，你将会失去这四大收获，它们远比金钱重要得多。

第八节

完全错误的梦想

我再也没有机会询问威尔逊先生关于退休的事了。但显而易见，退休的前几周是他这辈子最为伤心欲绝的日子。他不愿退休，因为他热爱学生、热爱学校、热爱这种为年轻人指引道路的生活。

是政府迫使他放弃了自己的至爱。他们夺走了他每周一上午和教导处秘书喝咖啡的闲暇，夺走了他阔步走过大厅的繁忙，夺走了他每天从上千名孩子身上汲取的能量；他们还夺走了他帮助孩子度过家庭困难、甩掉挂科的包袱、摆脱抉择的焦虑时的那份责任感。总而言之，他们夺走了他钟爱的一切。

威尔逊先生的死使我明白了，退休，正如我们今天所想的那样，并不是我们真正期许的梦想。我们并不希望无所事事。做自己喜欢的事才是我们真正的理想。

黑泽尔·麦卡利恩在她 93 岁高龄的时候才决定从安大略省密西索加市这座加拿大第五大城市市长的位置上赋闲回家。她是密西索加市连续 40 多年的老市长。在任期间，共赢得了 12 次选举，加拿大总理共换了八任。

她为何到了“退休年龄”还又坚持干了近 30 年呢？

“还有艰巨的任务等着我去完成”，她回答道，“况且，退休了我根本不知道该干点什么。还是忙着点比较自在”。

我们都愿意面对挑战。挑战赋予了我们提高自我、改变世界的奉献和钻研精神，赋予了我们以真实的存在感。为此，我们享受了精彩的人生，体验到了无所不能的强大。

根据《韦氏大辞典》的解释，退休的意思是“从一个人的职位、职业或积极的工作中退下来”。换言之，就是扔回家，将你的尸骨扔在阴冷的沙滩上。那么，从积极的工作中退下来是什么样的呢？你就会变得无所事事。无所事事又会怎么样呢？你会变得无聊至极。

还是根据《韦氏大辞典》的解释，无聊指的是“一种因缺乏兴趣而产生的百无聊赖、焦躁不安的状态”。

之所以百无聊赖就是因为无所事事。

难道你想要这样的生活吗？

印尼作家多巴・贝塔说过：“考虑退休会加速衰老的速度。”

所以说，我们完全错误的梦想是什么呢？

就是退休。

《财富》杂志曾经刊登过一份报告称，人生当中最危险的两年，一是出生那年，二是退休那年。

退休害了我最喜欢的指导老师并非是毫无缘由的。

因为我们放弃了生存的意义，而且还是有计划、有目的地这么做了。

突然失去了社会性、统筹性、新鲜感和使命感，在退休这篇贫瘠的荒原上等待我们的还有湿冷、负罪的思绪。我们误认为，这就是我们期许的，这就是我们耗费了毕生的精力为之奋斗的，这就是风雨过后的那片彩虹。

但实际上根本就没有什么彩虹。

当你迷失的时候，请牢记那工作中的四大收获。

世界所具有的问题、机遇和挑战远比你我为改善世界可做的有趣的、有意义的工作要多得多。所以，我们不愁没有事做，不愁没有地方去。我深知，当你环顾这个世界的时候，你一定可以找到值得你为之奉献的计划和事业。

记住，一定要活到老学到老、与时俱进、完善自我。

最后，请答应我，一定要向退休说不。

幸福至上
从我出发
莫忘变数
拒绝退休

秘诀之五

如何才能赚得比哈佛的 MBA 还多

第一节

哈佛商学院与薪水

哈佛使你感到富有。

在哈佛校园走过的两年里，我的自我感觉特别良好，仿佛如同是电影里的阔佬，称霸世界、坐拥一切。

哈佛校园里，高大遒劲的橡树随清风微微摇摆，阳光透过树叶斑斑驳驳地倾洒在红砖红瓦的建筑上、倾洒在修整一新的植被上、倾洒在随风起伏的芳草上。学生轻推高达 30 英尺的雕花木门，步入铺满大理石的图书馆。课间休息时，学生从自助餐厅随手抓过点过的寿司，和朋友三五成群地坐在棕色的皮质沙发上享受美味。沙发背靠的墙上则挂着无数昂贵的艺术珍品。

哈佛商学院的学生理所当然会感到富有。他们不是出身豪门……就是未来的新贵。

他们毕业后的平均收入可高达 12 万美元!

而美国人的平均收入仅有 2.4 万美元。

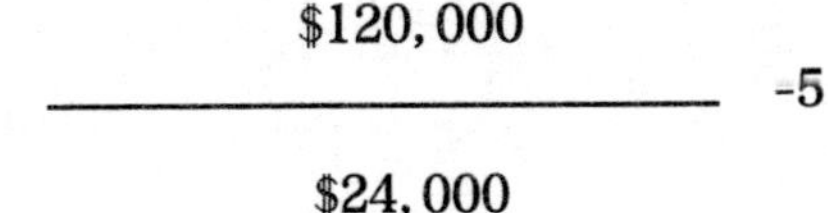

$$\frac{\$120,000}{\$24,000} = 5$$

这就是说，一个在哈佛商学院深造过两年的初出茅庐、乳臭未干的年轻人，竟然可以拿到相当于美国平均工资 5 倍的薪水。就我个人而言，从哈佛毕业后，我的薪水比过去涨了两倍。的确，哈佛就是可以使你感到富有，因为它真的可以使你成为有钱人。

是这样吗？

第二节

每个人都疯了吗?

临到毕业，我不免心生感伤，因为朋友们都即将为了个人的前途各奔东西。一场长途的毕业旅行之后，一切都将结束。

马克和他的太太搬到了休斯敦。他在一家顶尖的咨询公司谋得了一份职业。哈佛商学院的毕业生中，大约四分之一都会选择咨询公司，工作忙得是一塌糊涂。除非业务在当地，大部分顾问都是周一早上的航班，周四晚上才能回来。可以说是周周如此、月月如此，毫无例外。

克里斯去了华盛顿，是一所特许学校的副校长。我们时常联系，但每次给他打电话，他都在忙着手头的工作。我们聊了聊那场毕业旅行，然后我问他："最近有工夫睡觉吗？"他答道："我每天早上大概 7 点上班，晚上九点左右才能到家。时常周末还得加几个小时的班。所以说，睡觉时间是足够了，但仅此而已。"

瑞恩进了纽约的一家私募股权融资公司。哈佛商学院还有四分之一的毕业生去了投资银行、私募股权融资公司或者对冲基金公司，从事高级金融业务。他们帮助大公司相互收购、投资非动产，并且帮助它们开发复杂的投资项目。瑞恩告诉我，他每天上午大约 10 点钟开始工作，一直要忙到晚上 11 点。一周七天，天天如此。

索尼娅在硅谷的一家大型技术公司工作。这部分同学又占了我们班的四分之一。这些公司为员工提供了享有不尽的美味佳肴和便捷的干洗服务。办公室还设有乒乓球台，以供员工消遣。这在整个商业界都是出了名的。毕业 1 年之后，我联系上了她。她说她很爱现在的这份工作，一周工作 80 个小时左右。

天哪，这对我来说简直是疯了。可我的朋友们一周的工作时间都是在 80~100 小时左右。

要知道，一周可只有 168 个小时啊！

他们还有时间休闲吗？

我记得我那时想的是，难道每个人都疯了吗？

我不禁回想起了在哈佛上学时的一次招聘会。当时，我有幸和一帮麦肯锡公司的顾问一同用餐。他们飞到波士顿，在一家豪华餐厅与我们推杯换盏、共进晚餐。我们喝着名酒、品着美食、海阔天空地聊着世界局势，一直到凌晨方才散去。他们待人热情、为人谦和、聪明绝顶，我和他们聊得极其投机，浑身有种热血沸腾的感觉。那一晚真是太棒了。

给我印象最深的是，我们那天结束时已是凌晨两点了，但所有的麦肯锡顾问们……都还要回去工作！他们马不停蹄地和上海分部召开电话会议、打开笔记本电脑处理邮件、并且还要一起敲定明天的展示文案。想想看，那可是凌晨两点啊！

顾问和金融从业者占据了哈佛商学院毕业生的绝大部分。他们平均一周要工作 80~100 个小时。

他们一年真的挣 12 万美元吗？

第三节

算算你到底赚了多少

还记得分数是什么吗？我是在小学四年级学的。那时候，我坐在一间发霉的教室里，屋顶的节能灯管闪个不停。黑板上潦草的粉色笔迹告诉我们一半可以写作 1/2，三个四分之一可以写作 3/4……其中，3 是**分子**，4 是**分母**。譬如，“星期六的晚上，我穿着运动裤蜷在沙发里看电视，吃了 3/4 个意式腊肠比萨”。

哈佛商学院毕业生的薪水 12 万美元其实也是分数。

即：

$$\frac{\textbf{\$12 万美元}}{\textbf{1 年的工作}}$$

这听起来合情合理，但实际上却有一个小小的问题：在一年的时间里，没有人每个小时都在工作。因此，工作一年赚了多少钱的说法是不合逻辑的。这给人的感觉好像是你的老板在除夕夜和你热情握手表示祝贺后，给你颁发了一张特大的纸板，上面赫然写着你年薪的数额。“祝贺你，桑普森。在过去的12个月里，你的销售业绩节节攀升。你凭着每一天踏踏实实、兢兢业业的工作，证明了你的价值——为此，我将这份年薪大礼颁发给你。”

但现实并非如此。

不可能是连续干几年，然后一次性拿到一大笔钱。

我们的工资是按小时结算的。

我的第一份工作是给别人家的孩子当保姆，1小时5美元。和两三个8岁的孩子一起边看《阿尔夫》，边吃芝士棒还是蛮滋润的。后来，我帮父母打理庭院，1小时挣10美元。他们那时还是挺大方的。按当时的行市，清理树叶和车道是拿不到这么多钱的。不过，我倒是帮他们躲开了那些烦人的健康保险的纠缠。所以，他们雇我其实还是物有所值的。

我的一些朋友当建筑工1小时挣12美元。还有一些干的是游泳池的救生员，1小时16美元。可见，所有工作都是按小时计酬的。有的人一周工作40小时，有的人一周工作80小时，还有的人一周工作120个小时。不过，无论你挣多少，分子永远是你拿到的钱数，而分母则永远是你的工作量。

但请不要忘了，所有工作都是按小时计酬的。

尽管哈佛商学院毕业生的薪酬是大多数人的2~3倍，但他们的工作时长也是普通人的2~3倍。当你忙到这种程度的时候，你是挤不出时间清理车道、和孩子嬉戏或者侍弄花园的。所以，你可能就会雇佣廉价的劳动力为你打理这些生活的琐事。没错，你照样可以享受生活的乐趣！老实说，你挣的钱够你吃喝玩乐、纸醉金迷了。你有资本去享受更多的乐趣。但唯一美中不足的就是时间太少。除了睡觉、工作，你根本没工夫休闲。

扪心自问，清理车道带给你的自豪、看着孩子发现新词时带给你的快乐、看到秋天种的郁金香在春天争奇斗艳，你是否在乎这一切呢?

无论你选择哪一种生活，都是无所谓对错的。只要那是你想要的生活。

第四节

老师和小助理是如何比哈佛的 MBA 挣得还多的?

又到了看图时间。

这是一张哈佛大学的 MBA（工商管理硕士）与两份普通职业的薪资对照表：一份是零售店的经理助理，一份是小学老师。

		哈佛大学 MBA	零售店经理助理	小学老师
A	年薪	12 万美元	7 万美元	4.5 万美元
B	假期	2 周	2 周	12 周
C（A-B）	年工作周数	50 周	50 周	40 周
D	周工作时长	85	50	40
E（C*D）	年工作时长	4250	2500	1600
F	时薪	28 美元	28 美元	28 美元

他们每小时都是挣 28 美元。

这些数字我是如何得出的呢?

通常，老师每天是上午 8:30 上班，下午 3:30 下班，刨去午餐的 1 个小时，一周工作约为 30 个小时。不过，我们都知道老师的工作量可不止这些，他们需要在课下做很多的工作。

我的父亲和太太莱斯莉都是老师。他们回家还要工作。一位老师平均每晚要继续工作 1~2 个小时！比如，改作业、备课、指导学生。故此，我在 30 小时的基础上又加了 10 个小时。

零售店助理经理一般周工作时长为 40 小时。不过，这份差事可相当辛苦。有时候还需要早到晚走。但凡出了什么问题，就是回家了，电话也总是接连不断。所以，我也给他们的周工作量加了 10 个小时。

那哈佛大学 MBA 的 80 小时是怎么得来的呢？实际上，这一数字是基于我所掌握的数据、所做的研究以及我本人的亲身经历估算而来的。在芝加哥担任酒店顾问或者为投资银行卖命就意味着牺牲晚上和周末的休息时间。

尽管这些数字基本上是准确的，但并没有将例外考虑在内——一周工作 85 小时的老师或者一周只工作 40 小时的哈佛大学 MBA 都是有可能存在的。但还是请你跟随着我的思路，毕竟这对你是具有一定的意义的。

但关键是什么呢？

那就是他们每小时都是挣 28 美元。

既然如此，你如何能挣得比哈佛大学的 MBA 还多呢？

两条途径：

1. 增加年工作时长，并且挣更多的钱。

2. 减少年工作时长，并且挣更少的钱。

这种方法之所以管用是因为，当你赋予时间更多的价值时，你就会挣到更多的钱，换言之，就是通过减少工作时间，增加时薪的方式赚钱。

等一等，我刚才是不是说了减少工作时间？绝对不是！我的意思并不是要你降低对工作的兴趣和热情。我的意思是你应该计算你每小时的收入并且了解这个数字、记住这个数字，将它深深印在你的脑子里。

我的一些朋友是在市中心办公的律师，每天24小时都在工作。他们常常开玩笑说："我一算工资，比最低工资水平还要低。"他们说得没错！但老实讲，我搞不懂他们到底图的是什么。

所以，千万不要挣得比最低工资水平还要少。

比哈佛大学MBA挣得还多不是要你每年拿到超过12万、15万或者50万美元的年薪。而是要对时薪做到心中有数，**赋予自我更多的价值，**这样你就可以只做你喜欢做的事。

今天，全世界的平均寿命是70岁。三分之一的时间是在睡觉。这就意味着你一生有40万小时都是醒着的，而且都是由你支配的。

明白了哈佛大学MBA真正的收入，**赋予了自我更多的价值**，那么你就是在享受你工作中的每一个小时，享受你所做的每一件事。

幸福至上

从我出发

莫忘变数

拒绝退休

赋予自我更多的价值

秘诀之六

如何摆脱繁忙的生活

第一节

如何给生活留下空间

几年来，我亲眼目睹了商业精英纷纷累垮了，真的是病来如山倒。连续出差数月的顾问突然在飞机上患了焦虑症；大权在握的首席执行官，40 多岁就犯了心脏病或是中风；更严重的，还有自杀未遂的。我并不是要吓唬大家，太过繁重的工作导致这些人内火过旺，最终使身体出现了问题。

下面是另外一张图，我称其为空间图。它反映了我从这些人身上总结出的一些经验。这些人都是高强度工作、高强度思维。他们深知如何娴熟地思考与工作，对住院却是一无所知。

我身边的一位酒店首席执行官、一位身价数十亿的奢侈品商人和一位三度登上过《纽约时报》的畅销书作家都掌握了这张空间图。很简单的，对性格、体格以及情绪没有任何的要求。只要你想要找到最好的平衡点就可以了。

空间图可以帮助你提高工作效率，更重要的是，还可以使你心情愉悦地投入到工作当中。无论是对你未来的上司，还是对你的爱人和孩子，这绝对算得上是个好消息。

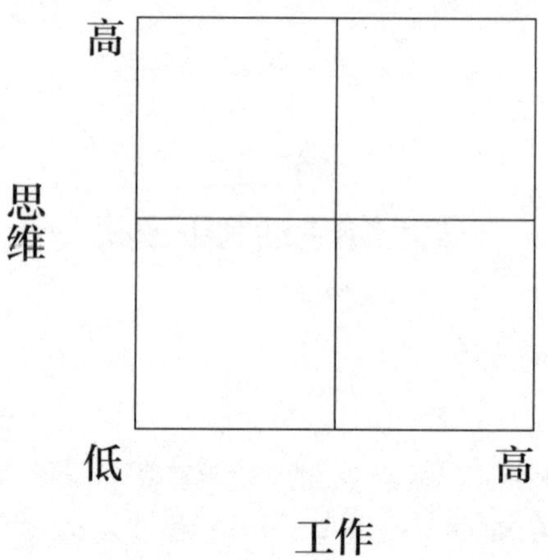

这张图的右上角是高强度的工作和高强度的思维。不堪重负时，我们就处在这一位置，已经达到了工作和思维的极限！比如，为筹备会议连轴转、大型的产品发布周、入职的第一个月。这种感觉简直是太刺激了。

此时的你争分夺秒，精神焕发，但又在燃烧精力。

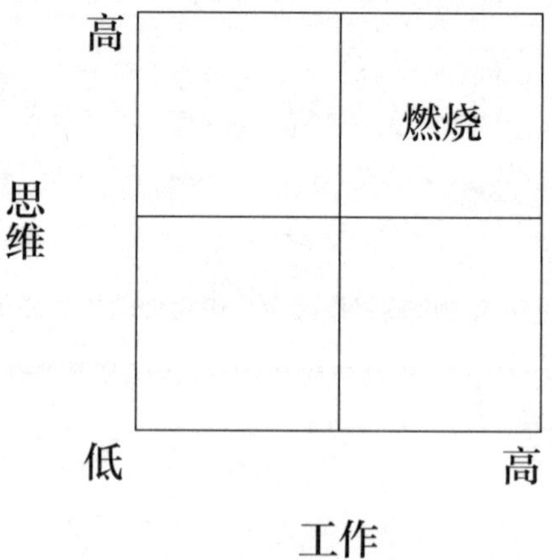

是的，假如你的工作和思维强度太高，两端势必会有所损耗。这两端指的就是你的工作和思维。

这恰如普利策诗歌奖获得者埃德娜·圣文森特·米莱在她 1918 年 6 月出版的《诗歌》中所写的：

我的蜡烛燃着了两头；

无法撑过这最后的一夜；

但是啊，我的宿敌、我的挚友——

它的光却可爱如旧！

燃烧发出了可爱的光芒。是的，燃烧这一格总是让人难以割舍，因为在这种状态下，你完成了许多的工作。你的工作效率出奇地高！这可不同于一般的高效率。此时，肾上腺素大量从电池大小的腺体顶端分泌出来，使你犹如打了鸡血似的兴奋。

与此同时，你务必要提防工作的回馈机制。它们时常是靠不住的。毕竟，世界上没有免费午餐。客户为你的竭尽全力所表达的谢意；老板祝贺你在最后期限前漂亮地完成了任务……然后又交给你一个更具挑战性的任务。

这类反馈是否是具有恶意的呢？其本意当然并非如此。但这却是找到一种成功商业模式的同时所产生的副作用。

一家久负盛名的全球顾问公司的高级合伙人对我酒后吐真言道："我们发现奖励和表扬对常青藤学校毕业的精英特别好使……

于是，我们总是在下一个最后期限、下一个项目、下一次晋升来临之前给他们设下众多的诱饵。

“这样，他们就会不停地迫使自己上进。每翻过一座大山，就会得到更为丰厚的奖励……接着就是一座更大的大山。”

燃烧一格如此诱人的原因就在于可以从中获利。

给你一种飘飘然的感觉。

难怪在一次大会上我听到一位零售业的首席运营官如是说道：“零售店经理买房子并不是什么好兆头。有了房，就意味着他们厌倦了居无定所的生活状态。为此，我们把最优秀的经理从一座城市调到另一座城市。这样，他们就必须熟悉新的社区环境，制定新的社会和工作制度，同时又赋予了零售店以崭新的活力、不断地推陈出新。一旦他们适应了一个地方的生活，我们就会将他们再次调离。”

他并不是一边坐在红木桌子上首，一边抚摸着手中的宠物猫、逗得满屋子人一片坏笑时说的这些话。他刚刚分享的都是他的经商之道，怎么对公司有利怎么来。

我的意思并不是说消耗能量有什么不对，但过度消耗就有问题了。

的确，高效率可以赋予我们很大的成就感，但另一方面还需要避免让自己陷入太累、太辛苦的境地。不然的话，就会滑向危险的边缘。

在现实生活中，很少有人会坦诚地告诉我们已经接近了极限。到了精神崩溃、心脏病发作的时候，一切又都太迟了。

那么，如何解决这个矛盾呢?

我们必须创造个人空间。

空间与燃烧是相对的。

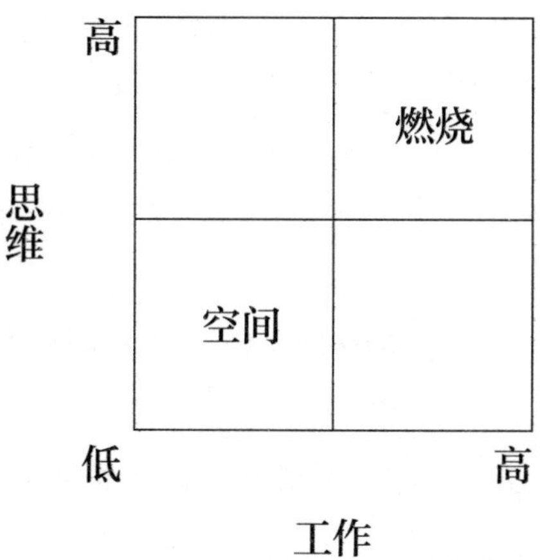

放空大脑、抛开一切。去海滩来场说走就走的旅行，将电话和一切乱七八糟的思绪丢在一边。

悠闲地躺在海滩睡椅上沐浴着阳光，聆听着海浪拍打岸边的声音，任由思想慢慢放空，这就是空间。

不要那种行程安排得紧锣密鼓或是邮件不断的度假旅行。那丝毫起不到“放空大脑、抛开一切”的效果。

此外，栖居木屋、冥想静修以及将自己锁在浴室里都是创造空间的良策。不错，我们都需要空间！但我必须提醒大家的是，正如燃烧一样，空间太大了同样会产生负面影响。

我说这话是什么意思呢？

我母亲从政府部门退休时，正值我和妹妹从家里搬出去住，而我的父亲依然是整天在外忙个不停。忽然之间，家里孤零零只剩了她一个人。

那时的她，可以说是脱离了社会，既无事可做，又没有朋友。一度，她对眼下的生活百思不得其解。

最终，她渐渐发觉，原来如今的工作日和周末是没有区别的，个人问题更是剪不断理还乱，现在的她简直成了个无所事事、无事可想的废人。

后来，她参加了一家桥牌俱乐部和一家职业网络，每周还有一天要照顾孙女，这才彻底消除了她那种萎靡不振的状态。

所以说，**永无休止的空间或者说缺乏生存意义的空间会令人迷失方向。**

至此，空间图中的另外两格是什么呢？

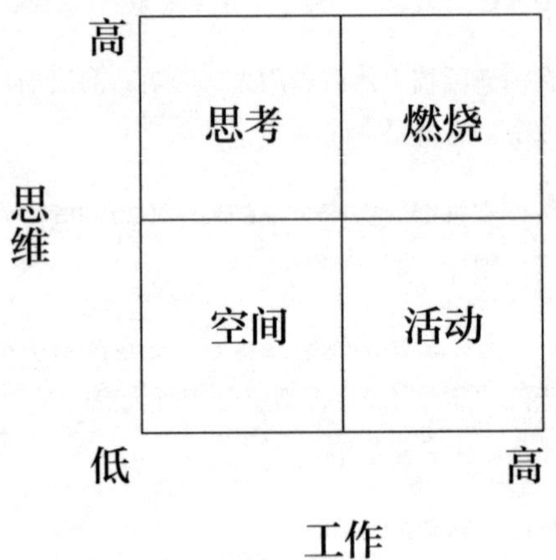

思考意味着你在动脑筋。简单易懂。你一边思索，一边创造空间，脑子丝毫没有闲着。

记日记，写书，和同事、搭档或者医生谈事，这些都是至关重要的。你必须要全身放松、心无旁骛地投入到思想当中。

活动指的是体力活动。没有大脑的事！就是体力活动。爬山、健身，都是体力的投入。这时，血液会流到肌肉中去，使你的思想放空、精神放松。

空间图标示出了人所处的四种状态。

在每一种状态下，你都需要明白你目前所处的状态以及即将所处的状态。

幸福的人可以在四种状态间自由转换。他们翻转腾挪、左突右闪、跳上跳下。他们深知自己所处的位置，他们懂得如何创造空间。

第二节

创造空间的 3 个场所

创造空间是不是仅止于休息和无所事事呢？并非如此，它可远比这些要重要得多。

空间本身就是具有创造性的。克里斯·乌尔里希是一家新锐技术公司的老板。数字应用软件、数字货币、数字化发展——他整个的人生都与数字化有关。但他说，他最棒的想法都源自他枕边的那个记事本。

一位零售业的前首席执行官告诉过我，他生意上碰到的最大的难题都是在林中慢跑时想到解决方案的。这简直令人不可思议！不是在办公室，不是在会议室，竟是在林中跑步时。

泰迪·克拉维茨，他的公司是北美最大的猎头公司之一。他说过，尽管无法解释，但他在周日清晨三个小时的骑行中总能想到一个有创意的好主意。他还说，骑行时，他总是将手机绑在胳膊上将这些好主意发到语音信箱中。

创造性研究人员时常突发奇想的场所是：

床

浴缸

公交车

“当我们不去刻意思考某个问题时，就会转换环境去做另一件事。这会触发大脑中的不同区域”，《阐释创造性》的作者基斯·索亚如是道，“问题的答案不是藏在这个区域，就是藏在那个区域。幸运的话，兴许在下一个不搭界的环境中就能听到或看到某种启发”。

牛顿是如何发现万有引力的呢？是他坐在一棵苹果树下时。

尼尔斯·玻尔是在哪儿发现原子结构的呢？是在一间具有大型显微镜的实验室吗？是在一间黑板上密密麻麻写着数学公式的教室吗？是在与世界顶尖科学家会面时吗？都不是，是他梦里的奇怪意象启发了他。

阿基米德是如何发现水可以测出不规则物体体积的呢？要知道，那可是2000年以前的古希腊啊！

不可否认的是，他拜见过国王，研习过柏拉图的哲学思想，还在信件中长篇大论地与同时代的人争论过科学的问题。

但这些都与他的发现无关。他踏进浴缸时，发现水溢了出来。当他将二者联系起来时，激动地大呼小叫：“Eureka！”古希腊语的意思是“我发现了！”

第三节

创造空间给予我们最具创造力的时刻

创造空间为何会行之有效呢?

休息大脑、活动;停止活动、思考;抑或什么都不干,大脑就会兴奋起来。

1993 年,美国国家航空航天局遇到了麻烦:具有革命性的哈勃望远镜出了毛病。

这架望远镜就在太空中绕着地球旋转,其中的一面 96 英寸的反光镜坏了,无法完成当初发射升空的指定任务:给宇宙拍摄照片,并探测它的大小与年龄。这是一项极其重要的工作。

当时,美国国家航空航天局还在为 1986 年的“挑战者号”心烦意乱,1992 年又损失了一台“火星观察者”探测器。哎呀!仅这两项就损失了 8.13 亿美元。如今,哈勃望远镜又出现了故障。他们简直成了世人的笑柄,所以背负着巨大的压力。

“这对我们如同是雪上加霜”,美国国家航空航天局飞行项目副总监约瑟夫·罗森博格如是道。万一经费被削减了,项目被砍掉了可怎么办呢?

于是,他们采取了很多机构在应对危机和麻烦时所惯常使用的办法：加倍下注、放手一搏、孤注一掷。

美国国家航空航天局松开了钱袋，整整花了 1 年的时间培训那些经验丰富的宇航员带着 200 件量身定制的工具飞往太空，并且在哈勃望远镜始终处于飞行状态的情况下修理那面变形的反光镜。他们必须挽回失去的声誉。

可是，还有一个棘手的问题。

几个月过去了，科学家烧的钱也不少了，但就是想不出办法如何将这面反光镜安装到望远镜的里面去。

这个问题是怎么解决的呢？

创造空间。

一天，美国国家航空航天局的工程师吉姆·克罗克在德国的一家酒店洗淋浴时，发现欧式淋浴头是安装在可折叠的调节杆上的。随之，他灵机一动，设想可以使用相同的调节杆为哈勃望远镜安装新的反射镜。

后来，这一方法果真奏效了，从此，哈勃望远镜一直正常运转到今天。我们知道，吉姆当时既没有在周五工作到很晚，又没有整个周末都泡在实验室里，而是在度假期间冲淋浴，这给予了大脑充分的放松空间。

此时，大脑是在自然状态下运转的，并且发挥了它应有的作用。现如今，哈勃望远镜定期向地球传回色彩斑斓、美轮美奂的图片，超越了人类对宇宙的想象。而这一切竟然都离不开德国制造的淋浴头。

阿尔弗雷德·希区柯克被称为悬疑大师，60 多年里共执导了包括《惊魂记》和《群鸟》在内的 50 多部影片。他是如何在改编剧本时创造空间的呢？

和他合作过的一位编剧说："每当我们思维中断，发生激烈的争执时，他都会突然停下来，讲一则和手头的工作完全不相干的故事。

"起初，我总是强压着怒火。可渐渐地，我发现他是有意这么做的。他不喜欢顶着压力工作。他总是说：'我们太着急了，太着急了，努力过头了。放松点，总是会有想法的。'

"最终，每次都像他说的那样。"

给大脑喘息的空间可以不用木勺就让大脑飞速地运转起来。恣意驰骋的思想向着不同的方向飞舞。那种后知后觉的感觉常常是我们所中意的。

创造空间的影响是潜移默化的。以抽象派画家妮可·卡楚拉为例，她的作品曾在伦敦、首尔和巴黎展出。威丁顿拍卖行的当代艺术专家斯蒂芬·兰杰评价她的作品为"准抽象派风格，超越了绘画的内在局限性，具有一种她所特有的视野"。

卡楚拉是如何评价创造空间的呢？

"我发觉，我在画室中最有创造力的时期是当我抵达了一种我称之为虚无的空间的时候。在这种情境下，时间忽快忽慢。意识和潜意识都处于平静之中，我也失去了自我意识。抵达虚无时，我全身心地投入到画布上。这是一种冥想的状态。我被白色的噪音环绕，但其中却了无一物，没有思想，没有声音，一切有形的东西都不存在，存在的只有绘画和画布。在这种虚无中，我忘记了时间的流逝，忘记了自己的所作所为。这是我最具创造性的时刻。我最好的作品都是在这期间完成的。"

谈到这儿，她作品中的留白又是怎么回事呢？

“我试图重现这些时刻——在抽象画中呈现短暂的停滞、间歇和暂停，使观赏者可以从画作那凝重、艳丽又极富立体感的有序而混乱的色块中得到片刻的休息。我认为，静止的时刻对于欣赏我们身边大大小小的事物是极其重要的。”

那么，我们如何创造空间呢？

我们如何像牛顿、玻尔和阿基米德一样解除对思想的束缚呢？我们如何敞开心扉，接受美国国家航空航天局、希区柯克以及卡楚拉所具有的洞见呢？我们又该如何放空思想，使大脑具有足够的空间想出足以颠覆传统思想的新主意呢？这是不是像周日清晨的慢跑那般简单呢？

不，当然没那么简单。你可能连慢跑的时间都没有。在街上跑步的时候，有可能满脑子都是乱七八糟的烦心事。手头的事情太多了。大会小会，整天都是忙忙碌碌的。

了解了空间图，你就知道了你需要努力的方向。但这绝不仅仅是喊喊类似于“多度度假吧，蠢货！”这样的口号那么简单。在此，我想和大家分享三种具体易行的创造空间的方法。

这就是 3 个减法。想象这是一群披着战袍的十字军武士，戴着杀气十足的黑色面罩，手持锋利的长柄镰刀。做好一切准备大刀阔斧地砍掉你人生中的一部分吧。

唯有如此，才能换来舍旧谋新的自由。空间源自减法。披荆斩棘是在密林中开辟空间的不二法门；推掉会议是挤出空间的独门秘诀；而要想获得生活的空间则必须要减少选择、减少时间、减少入口。

第四节

减法一：如何事半功倍做选择

我们从六座的飞机上走出来，沿着金属梯一步步下来。深邃碧蓝的天空像壁纸一般笼罩在世界的上空，举目望去，是一眼望不到边的金黄色麦田。

皮特·阿斯顿是欧洲一家服装连锁企业的首席执行官。飞机落地后，由我负责陪同他参观大卖场折扣店。

三天的时间里，我们乘坐飞机飞越了五大湖，飞越了嶙峋的巨石，还飞越了茂密的森林。

15 分钟后，我们从出租车上下来，走进了一家大卖场，开始四处考察。他提了许多问题，拍了许多照片，我在旁边一边帮他做记录，一边帮他补充。

当我们走到服装区的时候，皮特突然停下了脚步。他满脸惊异的表情，两只眼睛鼓着。随即，他迅速掏出了手机，迅速拍下了几张照片，一副兴奋的模样。“服装区的生意多红火啊！”他说。

“顾客挤得水泄不通的，刚才那几个区可没这么热闹。注意到了没有，上两个大卖场的布局可没这么井井有条，服装的款式、颜色、品牌、标签都是混杂在一起的。在他们那儿买件衣服得拿出寻宝的劲头。”

我点了点头。同是一家连锁企业旗下的卖场，这家的整体感觉就是与众不同，生意也红火很多。

“这家店的服装区给人一种一目了然的感觉。衣服从总公司运过来，卸完货后，按照款式、主题、颜色的不同分类摆放。衬衫摆在这边，裤子摆在那边，裙子摆在后边。三种颜色的分类亦是如此。这是我所见过的最好的服装区之一，比许多海外店面强太多了。”

启程飞往另一座城市去考察几家新开业的卖场时，我就问皮特那家店的布局到底有何精妙之处呢？

“顾客在意的是商家的口碑。值得信任的人的选择自然是靠得住的。谁有那么多时间如大海捞针似的去细细挑选呢。否则，顾客要么宁可不买，要么准就是吃亏上当。

“而这家店就考虑到了这一点，将服装的颜色、款式分得清清楚楚。顾客来了，有相中的就买，没看中的扭头就离开了。这种二选一的简单选择既给了顾客信心，又赢得了他们的信任。

“我刚刚出道那会儿，打了一份暑期工，是帮美国一家超市连锁店的采购解决鱼的问题。”他继续说道。“那家超市的鱼应有尽有，调料品更是琳琅满目。鱼全都是实打实的鲜鱼，绝对称得上是物美价廉。可就是无人问津。这让我们百思不得其解。”

“后来，我们终于发现原来顾客对买鲜鱼还是存有疑虑。哪种鱼味道最鲜美？如何给鱼调味？如何烹制？面临的选择有点太多了。于是，我们改变了策略。一次只上 3 种鱼，而不是 10 种、15 种。另外，每种鱼只配一种调味品。

“这样，顾客只需要做一道选择题就够了。阿卡迪亚鳟鱼、照烧三文鱼还是柠檬鳎鱼？挑好鱼后，卖鱼的就会将鱼蘸上调料，并附上烹饪指南。

“这么一来，销售额增长了 500%。”

由此，我意识到，少即是快。这样，在选择时，我们的大脑就不必为了每一个选项反复思量、谋划、算计、迟疑。

所以，少即是快。

奥巴马和扎克伯格是如何事半功倍做选择的？

抉择的时间越短，干其他事的时间就越多。

奥巴马总统是如何评价选择的呢？“大家可以看到，我的西服不是灰的就是蓝的。”他在 2012 年《名利场》杂志上的一篇文章中说道。

“我正在尽力减少选择，不肯在吃穿上花什么心思，因为有太多太多重要的抉择需要我拍板、拿主意。你需要集中你的决策力，保持良好的工作状态，而不能被那些不值一提的琐事所纠缠。”

说得多好啊，不能被那些不值一提的琐事所纠缠。

那么，马克・扎克伯格，这位脸书的创始人和首席执行官所持的又是何种态度呢？

“我有大约 20 件一模一样的 T 恤。这就是说，我每天穿的都是一模一样的。”他在接受《今日秀》的访谈时说。

马克是不会关注什么时装走秀的。他并不觉得这有什么大不了的。他的目标是建立世界最大的社交媒体公司。每天，心思多一分钟花在挑选 T 恤上，就少一分钟花在公司上。

本杰明·李的新奇案例

减少抉择、砍掉抉择、放弃抉择。

这得从我多年前的第一份白领工作谈起。当时，我才 22 岁，刚刚从大学毕业。宝洁公司雇我做封面女郎和蜜丝佛陀化妆品的品牌经理助理，从那年夏天开始入职。

本杰明·李是我入职第一天见到的第一个人。

他是名华裔，二十五六岁的样子，身材瘦瘦的，眼神中透着股紧张不安，一头短发，穿着紧身的黑色衣服。我猜，他一定是在修禅。不然，怎么桌子上连照片、艺术品甚至办公用品都没有，上面孤零零地就摆放着一小碟石头，其间点缀着三两根嫩竹。

他的桌子就挨着我。一起共事了几周之后，我开始留意到他的着装风格，黑鞋、黑袜、黑裤然后搭一件色彩鲜亮的衬衣，真是帅极了，简单又得体。

“我能问你个问题吗？”一天晚上加班的时候我问他。“你的衣服都是哪儿买的？”

他笑道：“说了你肯定不信。我一年买一次衣服：30 条白内裤、30 双一模一样的黑袜子、15 件亚洲尺码的正装衬衣还有 5 条黑裤子。一个月才洗一次衣服。我从来不用操心袜子的搭配。我周末从不购物，也从不花时间考虑着装的问题。我衣柜里的衣服都是轮着穿。两三星期后，你很可能看到我再次穿着这件蓝衬衣来上班。”

这让我回想起了几个月前的一个星期天。我整整花了一天的时间逛街，为的就是买一身第一天上班穿的衣服。此外，每天早晨光挑衣服就得花好几分钟。每个周末还要干洗衣服，而每次洗完后又都忘了把同一双袜子收拾在一起。

“我算了算，每天仅这些就可以节省平均 15 分钟的时间”，他接着道“这还没算思维跳跃时的‘摩擦时间’。这样算下来，我一个月可以省出来 8~10 个小时，一年等于又挤出了一周的时间。你知道这多出来的一周可以干多少事情吗？”

我当然知道这多出来的一周对他意味着什么。

他在公司里平步青云、业绩出众、备受同事和领导的赏识。尽管他和其他人一样每天都是工作很长的时间，但工作时长顶多是和别人持平。他的撒手锏就在于决定时讲究少而精，讲究好钢要用在刀刃上。

我有几个朋友，他们把大把的时间都花在了挑选袖扣上，领带和袜子的搭配上，还有追求时髦的衬衣上。我知道，我的这些朋友就算是拿整个世界跟他们换，都不肯牺牲购物时间的。浪费时间？对他们来说可不是。他们简直是乐在其中。

但具体到我，我可不会去想穿什么的问题，我还是好好想想其他的事吧。

那么，我每天用来做决定的时间是多少呢？

哪些决定是不重要的呢？

最令我伤脑筋的主意

我决定花一整天的时间将我所做的决定全部写下来，然后看看到底有哪些是可以删掉的。本杰明将穿衣服的决定排除了！而我该如何取舍的问题就成了排除决定的第一步。过程虽然煎熬，但的确是值得的。以下就是我在一天之内所做过的决定：

该马上起床还是再赖几分钟？ 穿棕色的鞋还是穿黑色的鞋？

该马上起床还是再赖几分钟？ 把衣服放在后备厢里还是放在前座上？

要起来上厕所吗？ 在车里听不听广播呢？

是先来瓶冰水还是直接冲淋浴？ 该听哪个台呢？

要去健身房吗？ 今天上班从哪儿走呢？

是在家还是在健身房冲淋浴？

是听听路况信息看有没有交通事故呢，还是就认为这个点儿高速没车呢？

我现在出发的话还赶得上在上班前去健下身吗？

是一会儿吃早餐呢，还是在车里吃点奶昔呢？

是在皇后大道右转呢，还是走士巴丹拿道上加德纳高速路？

奶昔里加肉桂吗？ 奶昔里加酸奶吗？

奶昔里加菠菜吗？

是在红绿灯处超过那辆电车呢，还是一直跟着它屁股后头走呢？

奶昔里加维生素 D 吗？

是在詹姆逊大街左转上高速呢，还是一直走皇后大街呢？

我是该穿着正装去健身房然后再换上运动服还是直接穿着运动服去健身？

是在帕克赛德地铁站左转上高速呢，还是一直走皇后大道呢？

要加速赶过这个黄灯吗？

今天该穿什么衣服呢？ 这条裤子还干净吗？

是在伊斯林顿地铁站左转上高速呢，还是一直走皇后大街呢？

这双袜子和这件衬衣搭吗？ 要趁这个红灯查查邮件吗？

要趁这个红灯查查邮件吗？ 要趁这个红灯查查邮件吗？

是戴那条棕色皮带还是那条黑色皮带？

该穿那件衬衣呢？

这件衬衣是不是太皱了？

是在基普林地铁站左转上高速呢，还是一直走皇后大街？

是现在回这封邮件还是上班了再回呢？

需要立马查邮件，以防有什么急事吗？

要趁这个红灯查查邮件吗？

该如何回复这封邮件呢？

要不要给莱斯莉打电话看看闹钟把她叫醒了没有？

该如何回复这封邮件呢？　　　　　　要给谁打电话吗？

今天需要戴帽子吗？　　　　　　要不要查查今天的日程安排？

今天需要围围巾吗？

是把车停在前门图方便呢，还是停的远点儿多锻炼锻炼呢？

是在这条过道换衣服呢，还是在后面一排柜子的过道换呢？毛巾是搭在椅子上还是放在一边？

该尝试多重的重量呢？

我是要一个柜子呢，还是要半个呢？　　　　该增加重量吗？

肚子上的肉需要减吗？　　　　　　现在喝水还是过会儿再喝？

今天需要刮胡子吗？　　　　　　要查查邮件吗？

我看起来帅吗？　　　　　　每组12次还是20次？

健身需要带条毛巾吗？　　　　　　要增加重量吗？

是做有氧运动呢还是做重量练习呢，还是看看这要查查邮件吗？

待会儿有什么课没有？

是该到此为止呢，还是再做一项胸部训练呢？

通过什么热身呢？是楼梯机、跑步机、踏步机、单杠直身俯卧撑、推胸机、飞鸟机、仰卧推举、斜板推、单车、划船器还是台阶器呢？

下斜式推举，我该做哪一项呢？

该设置多长时间呢？　　　　　　推胸机上的重量多少合适呢？

该输入我的年龄、体重吗，还是跳过去不写呢？

需要调整座椅高度吗？

我是该选手动模式、爬山模式还是随机模式呢？

需要调整把手的起始位置吗？

在脂肪燃烧、有氧运动、无氧间歇、体质测验间又该如何选择呢？

现在需要补充水分吗?

要查查邮件吗?

是该再坚持5分钟呢，还是停下来去做重量练习，要查查邮件吗?

要读读这封邮件吗?

器械锻炼时流的汗足够吗，现在需要用纸巾和除汗剂清除吗?

要回复这封邮件吗?　　　　　　　　该如何回复这封邮件呢?

重量训练是做自由举重呢，还是做器械锻炼呢?

是该再做一项训练呢，还是以肌肉训练结束呢?

是在手机上查查如何锻炼呢，还是随便练一练是该做平板支撑呢，还是做仰卧起坐呢?

是该做前平板支撑呢，还是做侧平板支撑呢，还是两者都做呢?

该锻炼什么项目呢?

是该在架上做深蹲呢，还是举哑铃深蹲呢?

要努力坚持多久呢?　　　　　　　　做三组还是尝试下做四组?

是接着做前平板支撑，还是做侧平板支撑呢?

补充水分，还是继续下去?

要努力坚持多久呢?现在该锻炼什么项目呢?

需要把垫子上头部留下的汗渍擦干净吗?

椅子的倾斜度够吗，还是再调回来一两格?

怎么把垫子上头部留下的汗渍擦干净呢?

我该用多重的杠铃?　　　　　　　　要称一下体重吗?

需要先热下身吗?　　　　　　　　　要喝口水吗?

做三组还是尝试下做四组?　　　　　要查查邮件吗?

是先喝点水还是继续?

需要在更衣室的地板上铺条毛巾当防滑垫吗?

现在该锻炼什么项目了?

冲淋浴时，是该把衣服就放在这儿呢，还是锁起来呢?

我该向杰基打招呼吗?

冲淋浴前，是去蒸房蒸一蒸呢，还是去漩涡浴池泡一泡呢?

杰基是想聊天呢，还是在高强度地健身呢？

要查查邮件吗？　　　　　　　　　　哪个淋浴的水压还是最合适的呢？

现在该锻炼什么项目了？　　　　　　毛巾挂在哪个钩上呢？

是只练胸肌还是全身都练？　　　　　需要用洗发水吗？

我该在手机上查查其他的胸部训练吗？

是在淋浴间擦干身子呢，还是到淋浴间外面再擦？

单杠直身俯卧撑、推胸机、飞鸟机、仰卧推举、要喷爽足剂吗？

斜板推、下斜式推举，我该做哪一项呢？

是把运动服叠好呢，还是塞到包里了事？

在我想不起来的那家网站上，是否还有其他的胸部训练呢？出去时要不要顺便查一下课程安排呢？

要来杯蛋白质奶昔吗？

是把装蛋白质奶昔的杯子留在车里，还是上班时顺便洗一洗？

现在要查查邮件吗？

要参加公司的全体会议吗？

是在前面的停车场找车位，还是直接开到后面的停车场呢？

要不要看看有谁想一起坐坐吗？

我是坐在前排还是后排？　　　　　　现在要查查邮件吗？

现在要查查邮件吗？　　　　　　　　要查查邮件吗？

有什么需要干洗的衣服要带进去吗？

现在要回复这封邮件吗？

要为下一场会议做准备吗？

是去接水，然后去洗手间呢，还是安装电脑呢？

下一场会议我要提出什么样的建议呢？

要不要去和老板打个招呼？　　　　　现在要查查邮件吗？

现在要查查邮件吗？

开完下一场会议，闲着的那两小时该干点什么呢？

今天主要该干些什么呢？

是围着大厦走一走呢，还是访访我的客户群呢？

现在要查查邮件吗？　　　　　　　现在要查查邮件吗？
现在要查查语音信箱吗？　　　　　我该走哪条路呢？
要回复这条即时信息吗？　　　　　现在要查查邮件吗？
要为第一场会议做准备吗？　　　　那个问题的最佳答案是什么？
该如何回复这封邮件呢？　　　　　现在要查查邮件吗？
是该当面找琼呢，还是给她打电话，该告诉马克有关他团队的回馈吗？
回邮件呢？　　　　　　　　　　　该如何告诉他呢？
团队会议上我有什么要说的吗？　　现在要查查邮件吗？
要不要马上把这个想法说出来呢？　现在要查查邮件吗？
我同不同意那个观点呢？　　　　　现在要查查邮件吗？
要不要马上把这个想法说出来呢？　现在要查查邮件吗？
我同不同意那个观点呢？　　　　　现在要查查邮件吗？
下一场会议之前还有时间小憩一下吗？
现在要查查邮件吗？　　　　　　　现在要查查邮件吗？
现在要查查邮件吗？　　　　　　　要回复这封邮件吗？
接下来的一个半小时该干点什么呢？
该如何回复这封邮件呢？　　　　　现在要查查邮件吗？
该如何回复这封邮件呢？　　　　　是该干这个还是该干那个？
现在要查查语音信箱吗？　　　　　现在要查查邮件吗？
我想吃零食吗？　　　　　　　　　现在要查查邮件吗？
想吃什么呢？　　　　　　　　　　现在要查查邮件吗？
一碗酸奶、一份早餐三明治、还是一杯巧克力牛奶？
要回复这封邮件吗？　　　　　　　现在要查查邮件吗？
酸奶里是加麦片、草莓还是亚麻籽呢？
现在要查查邮件吗？
值得为了信用卡积分为这些买单吗？　　现在要查查邮件吗？
午饭是在餐厅吃还是出去吃？　　　我需要餐巾纸吗？
要不要看看有谁想一起吃午饭，还是自己去？
需要过去和坐在窗边的托德聊聊吗？

现在要查查邮件吗？　　　　　　　我要采取何种途径和琼谈呢？

火鸡三明治、烤牛肉三明治、火腿三明治、鸡蛋沙拉三明治、三文鱼三明治还有芝士三明治，到底吃哪种呢？

关于会议的事，我要跟她谈些什么呢？

我同不同意杰米的计划呢？

是配黑面包、白面包、多麦面包、黑麦面包、橄榄面包还是皮塔饼呢？

有关下一步，我有什么样的建议呢？

现在要查查邮件吗？要拷一下吗？

我是在卫生间待会儿呢，还是回办公室呢？

要蛋黄酱吗？　　　　　　　　　　要芥末酱吗？

零食吃点什么呢？　　　　　　　　要西红柿吗？

要洋葱吗？　　　　　　　　　　　要酱菜吗？

要生菜吗？　　　　　　　　　　　要芝士吗？

是吃点桌上放着的杏仁呢，还是去餐厅买点别的？

是吃点芝士、胡萝卜棒，还是喝点巧克力牛奶呢？

是现金支付还是信用卡支付？

需要拿些餐巾纸到桌子上吗？

从哪条路回去才能找马克谈谈呢？

要不要多加肉？　　　　　　　　　现在要查查邮件吗？

要盐和胡椒吗？

是研究改革计划呢，还是拿这一天剩下的时间回复邮件呢？

带走还是在这儿吃？

是在办公室还是专门预订一间房间研究改革计划呢？

还要其他什么的吗？　　　　　　　该选择什么时机宣布晋升结果呢？

要汤吗？　　　　　　　　　　　　晋升通知该如何措辞呢？

要牛肉大麦汤还是豌豆汤？　　　　要不要提及她的教育背景？

是排左边的队还是排右边的队？

要不要将晋升通知发给什么人批示呢？

现在要查查邮件吗？　　　　　　　下班前还有什么事需要处理吗？

是用现金、信用卡还是用借记卡买单？

今晚需要为明天的会议加班吗？　　需要餐具吗？

今晚需要将笔记本电脑带回家以备不时之需吗？

餐具是用塑料的还是金属的？

下班前需要和阿曼达谈谈吗？

拿几张餐巾纸呢？　　回家从哪儿走呢？

在哪儿吃呢？　　要听听广播里的路况信息吗？

现在要查查邮件吗？　　要在车里给父母打个电话吗？

现在要给莱斯莉发邮件吗？

要不要看看他们这个周末或下个周末有没有时间？

今天的晚餐我俩吃什么呢？　　是一直走高速还是上辅路？

冰箱里有鸡肉和鱼吗，还是简单点儿，买点外卖？

是在巴佛士地铁站左转，还是继续开到士巴丹拿道？

有没有时间去趟邮局查查我的邮箱呢？

要为下一场会议做准备吗？　　今晚睡觉前有什么事需要处理吗？

要问问这次会议的议程吗？　　我们争取几点睡觉呢？

既然不同意那个观点，我该说点儿什么好呢？

我会做那种沙拉呢？

既然不同意那个观点，我该说点儿什么好呢？

是在桌子上摆上蜡烛、铺上餐垫，还是在餐台上随便吃点呢？

要不要对会议做个总结，使大家就下面的工作达成共识？

晚餐的时候我们聊点儿什么呢？

我是回办公室呢，还是找阿什利谈谈会议的事呢？

我该如何帮她摆脱那种局面呢？

关于这周末我该提点什么想法呢？

现在要查查邮件吗？　　洗碗和打扫厨房，该如何分工呢？

现在要查查语音信箱吗？　　现在要查查邮件吗？

接下来的三个小时该干点什么呢？

要不要看看晚餐后莱斯莉想去散步还是想去做瑜伽呢？

今天争取几点下班去和莱斯莉一起吃晚餐呢？

我有时间写作吗？　　现在要查查邮件吗？

是在家里写，还是在咖啡馆里写？　　该如何回复这封邮件呢？

现在要查查邮件吗？

有关这封邮件是否需要征询老板的意见？

要不要睡得晚点儿看会儿书呢？

还是和肖恩面对面的谈一谈呢？

闹钟定几点呢？　　今晚该做点什么呢？

打算去健身吗？

这周末是不是争取去看看父母？　　明天有什么会需要我好好想想的吗？

这周末是不是争取去看看莱斯莉的父母？

这周末是不是争取去看看妹妹？

你现在为何疲劳的 285 个理由

真是紧锣密鼓的一天啊！

285 条决定。搅得我是筋疲力尽。这些决定都是关于什么内容的呢？我不得不难为情地承认，其中有 75 条是在健身房做下的决定，62 条是关于查邮件的，还有 32 条是和饮食息息相关的。

仅这三类就占去了一半，都是些无关紧要的琐事。当然，健身是很好的。但不遵循科学的健身方法却是说不过去的。

没错，我的工作态度是积极的。但积不积极跟你是不是一有时间就老想着查邮件却毫无关系。每天抽 15 分钟查两次邮件并不代表就不积极。

我喜欢吃，不想落下任何一顿饭，也不想在办公桌上进餐。但每天清晨预先打好的奶昔，还有拿头天晚上剩下的晚餐当午饭，既可以给我提供喜爱的食物，又可以帮我省下 32 条决定。

这些决定意味着什么？

为何每晚回到家中都是身心疲惫？

其实答案就在你我的面前。

早与晚，得与失

想象一下，每天早上一睁眼，脑子里就带着一块被移植的亮黄色海绵。听起来恐怖吧，其实却不然，因为这是一块神奇的海绵！你所有的决定都是由这块亮黄色海绵支配的。就像这样！每做一项决定，就会有一小块海绵脱落。一整天都是处于这种状态当中。那海绵掉完了怎么办？没有了就是没有了，就没有办法做决定了。要想使海绵再生，只有两个方法，一是靠吃，一是靠睡。

不吃不睡，脑子就容易犯迷糊，决定时就容易犯错。

约翰·蒂尔尼是《纽约时报》畅销书《意志力：关于专注、自控与效率的心理学》的作者之一。

他说："决策疲劳解释了为什么富有理性的普通人会朝同事和家人发火，会疯狂地买衣服，会在超市买垃圾食品，会无法抵制经销商的蛊惑为新车做防锈保养。无论你多么理性、多么高尚，都不可能在毫发无损的情况下连续不断地做决定。这和普通的身体疲劳迥然不同，尽管不觉得累，但实际上你的精力已经严重下降。"

许多人都对逛商场的痛苦并不陌生。为了购买婚礼清单上的物品，在大商场里转个不停。

一个星期六的上午，我和莱斯莉 10 点钟的时候到的哈德逊湾，浑身充满了能量。黄色的碗还是蓝色的碗？深黄色还是浅黄色？亮的还是不亮的？杯子呢？是要 8 个还是要 12 个？重的还是轻的？高杯还是矮杯？设计要什么样的？还有红酒杯，也要 12 个吗？要什么形状的呢？什么牌子的搅拌器？要买几条毯子？几个枕头？几条毛巾？毛巾要什么颜色的？

最后，我们累得简直快吐血了。大脑里的海绵已经到了支离破碎的地步了。结账前，我记得当售货员问我们是否要加一把价值 300 美元的冰桶时，我们俩竟然张着大嘴、呆若木鸡似的点头同意了。

“一旦精力耗尽，人就不愿权衡利弊了”，约翰说，“因为这牵涉到一种复杂的、繁重的决策形式……妥协是一种复杂的人类能力。

“故此，一旦意志力衰竭，首当其冲受到冲击的就是这种能力……购物时，很容易只从一个角度去考虑问题，比如，价格的高低：只要是最便宜的就行……决策疲劳使人极易受到商家的误导。

“因为他们知道该如何把握销售的时机……为何将甜食放在收银台这一醒目位置呢？一则是顾客在经历了一番决定、排队结账时，早已累得筋疲力尽；二则是随着意志力的下降，他们更容易受到诱惑，尤其是糖果、汽水和一切含糖的东西。”

人人都要毫无选择地服从自己的规则

我苦苦投资了数年有余。

我读过一本教人投资的书。从中，我学会了应该将收入的一小部分存入一个投资账户，然后再将其放入一个多元基金。

没有理由不去投资啊！可等到每年行将结束的时候，我的钱还是一分没动地放在那里。不投资，就没有增值，没有回报，总之是什么都没有。只能眼看着手里的钱被通货膨胀一点点蚕食。

为此，我感到愚蠢、感到懒惰、感到健忘。

我到底是哪里出了问题呢?

回头想想，我惊奇地发现自己对身上的决策疲劳竟然是浑然不知。发生这种情况时，人一般只有两种选择：

1. 不做决定
2. 做错误的决定

我存钱的银行没有自动投资服务。所以，一切都得自己来。我每月都会设置时间提醒，尝试着拿一部分钱做投资。

可是，……一到每月的一号，总会有状况发生。我看着基金的牌价，如果比前一天、前一周或者前一月有涨幅，我就会告诉自己：“现在可不是买进的时候。太贵了。等过几天跌下来再说吧。”

就这样，我每天都会查看牌价，一天会看上好几次。偶尔降下来一点，我就买入一些。但有时候牌价却是在持续增长。于是，我就一边看着它涨，一边告诉自己只要一有回落就果断出手。

第一天是 50 美元，下一天是 51 美元，再下一天又涨到了 52 美元。即使后来回落到 51 美元，我还是会告诉自己这还是没有开始时便宜。所以，我就在不断地观望。

最后，一个月过去了，时间提醒的闹钟再次响起，提示我投资的日子又到了。而上个月我什么投资都没有做！现在，我攒了两个月的薪水，这就意味着什么时机入手更得掂量着办了。

在决定投资与否时，我的脑子里充满了无数的选择。我不过是尝试着买一只基金而已。而我却难以克服这种心理上的恐惧。不久，又一个月过去了，接着又是一个月。唯恐投资失败的焦虑涌上心头。一天晚上，我在惶恐中给我的朋友弗雷德打了电话。

弗雷德在普林斯顿大学读书时师从约翰·纳什攻读经济学，在投资银行工作数年，更为重要的是，他是我值得信任的人，和他分析我经济上的失败是完全靠得住的。

“我也有同样的问题”，他说，“我给自己制定了约法三章。我将这三条写在一张纸上，放在桌子上。无论情愿与否，都必须严格执行。”

规则 1：如果活期账户超过 1000 美元，就要将超出的部分转入投资账户。

规则 2：如果投资账户超过 1000 美元，就要将超出的部分用于投资。

规则 3：切莫违反前两条规则。

“因为不再执着于那种综合的考虑，这种方法果然奏效了。我别无选择，只能逼迫自己对这种投资方式乐在其中。

“假如基金涨了，我就会告诉自己早点出手是明智的，增值的部分又转化成了资本！

“比如，当市场持续走高，没有太好的机会入手时，我就会告诉自己：‘小伙子，我敢肯定现在不买太多是明智的，千万不能把棺材本都押上。’反之，如果是跌了，我又会宽慰自己说，把钱存到这会儿以低价买入真是太明智了。

“所以说，这是种双赢的方式。现在，我所有的钱都用于投资了。我不但不需要向任何顾问支付费用，还不用为这件事操心。”

规则、限制、障碍。铸起一座精神的壁垒阻断决策吧，就像超市里调整卖鱼的策略那样删除所有的选择。

我们何不为自己的大脑制定规则呢？还是将我们的决策力用在重要之处吧。就像是遵循指导地科学健身还有清晨那杯预先打好的奶昔。

当我们不再给自己那么多选择时，究竟会发生什么呢？

深陷困境时的意外之喜

《跌倒的幸福》的作者丹尼尔·吉尔伯特对此也很好奇。在 TED 演讲中，他声情并茂地讲述了他在哈佛校园所做的一次实验：

我们开了门摄影课程，专教黑白照片的拍摄，还教他们如何使用暗房。

我们发给他们相机到校园里拍摄 12 张照片，可以是他们最喜爱的教授，可以是他们的寝室，也可以是他们养的狗。

他们交回相机后，我们制作了一张联系表，然后他们挑出最满意的两张照片。

现在，我们花 6 个小时的时间教他们使用暗房。胶片冲洗后，他们各自就有了两张 10 英寸大小的照片，拍摄的对象对他们都是很有意义的。

这时，我们问他们：“你要舍弃哪一张？”他们反问道：“必须这么做吗？”我们答说：“是的，我们需要一张作为上课的凭证。你们必须给我留一张。你们必须做出选择。自己留一张，给我留一张。”

这个实验将学生分成了两组。其中一半的学生被告知：“你必须明白，即便改变了主意，我无论如何都是会拿走另一张的。在未来的四天里，在我还没将这些照片寄去总部之前，你们随时可以找我交换照片……为保证清楚无误，我再声明一次，要改变主意，随时可以退给你们。”

另一半学生被告知的内容完全是相反的：“做出你们的选择。两分钟之后邮件就会被寄到英国。你们的照片将插上翅膀飞往大西洋彼岸，永远也见不到了。”

就这样，一半的学生……开始思量到底喜欢哪张照片，而另一半学生则回到寝室欣赏、揣摩着留在手里的这张照片。看看我们都发现了什么吧。

首先，……（学生们）认为他们可能会更喜欢留下的那张照片。但这并不是主要的差别。喜欢的程度只是小幅度地有所提高，而且可不可以改变主意也没什么太大的关系。

否则的话，那就是大错特错了，这些不过都是些皮毛而已。真正的区别在于，无论是在交换照片之前还是在五天之后，那些对照片没有选择权，无法反悔的学生反而对照片更加喜爱。

而那些还在反复思量的学生——“该不该换呢？我选对了吗？这张是不是不太好呢？那张是不是更好些呢？”——却被弄得是焦头烂额。

他们不喜欢手里的照片。即使是错过了留给他们犹豫的机会，他们仍然还是心存不爽，对照片总是不满意。原因何在呢？就是因为“可以改变主意”那条是不利于幸福感的产生的。

在实验的最后阶段，我们又吸纳了一群天真质朴的哈佛学生，并且告诉他们：“你们知道，我们在开一门摄影课。我们有两种方式。一是将两张照片拿走，给你们四天的时间考虑是否改变主意，或是拿着两张照片现场拿主意，而且不能反悔。你们愿意接受那种方式呢？”

结果有66%，也就是三分之二的学生选择了前者。这不是开玩笑吧？竟然有高达66%的学生会做出最终将令他们痛苦不堪的选择。

难怪会被决定折腾得筋疲力尽，这完全是我们自找的。

看电影，专挑影院最忙的档期；选餐厅，菜品单一的不去；逛个鞋店，还得要求鞋的款式多种多样。殊不知，选择越多，幸福感就越低。我们就会为决策疲劳所困。

每到这时，做任何决定都准保坏事。此外，我们还总是担心做了错误的选择。这不仅是我为何一再错过投资时机的症结，还是我和莱斯莉当初纳闷的根源所在。购买婚礼清单时，究竟是谁选了那些没用的东西？后来，我们不得不又用新鲜的海绵重新捋了一遍。

“自由与自主是我们幸福的关键，而选择又是自由与自主的关键”，《无从选择》的作者巴里·施瓦茨如是说。“然而，尽管现代的美国人比以往任何时代都拥有更多的选择，想必自由和自主亦是如此。但从心理上，我们似乎并未因此而受益。”

牢记四点，分清主次

决定越少，办事效率就越高，可能高 5 倍，可能高 10 倍，也可能高得更多。但总而言之，都必须当机立断，分清主次。你可以看一下你每天所做的决定，然后决定哪些需要**放手**、哪些需要**规范**、哪些需要**践行**、哪些需要**权衡**。

Ruby Watchco. 是多伦多最受欢迎的餐厅之一，在这座城市的上千家餐厅中名列前十。这家餐厅的老板是明星厨师林恩·克劳福德。在开餐厅以前，林恩曾是曼哈顿四季餐厅的行政总厨、主演过《餐厅大换装》、还写过两本畅销的烹饪书。

在多伦多，这家餐厅的经营是独一无二的！

每天只在两个时间段接受预订，每人只需花 50 块，包含四道菜的套餐天天不同。除此之外还有什么其他可点的吗？答案是没有！

顾客们没得选择。根本就没有什么其他的可选，而且还没有菜单，也不用考虑价格，餐后还有免费甜点。而厨房呢，只需照顾到有过敏体质的顾客就可以了。

整个烹饪过程都是流水线式的，菜品的菜量相同，也避免了大量的浪费，而且结账还很方便，这一切都大大提高了餐厅的翻台率。

上菜时，盛在大盘子里的“家常菜品”摆在餐桌的中央。每天晚上，微光映照下的餐厅中总是座无虚席，客人们边吃边聊，呈现出一派其乐融融的景象。

《环球邮报》评论道：“这种方式下所呈现出来的菜品完全是厨师自然而然的流露，不必为提供花样繁多的菜品而冥思苦想，而且还免去了囤积、烹饪不同食材所带来的成本和压力。一切都是那么游刃有余！”

林恩谈道：“在餐厅里，决定是件令人头疼的事。我就怕别人说：‘让我替你烧菜吧。’”

免除了一切延迟，免除了一切选择！像 Ruby Watchco. 这样的生意怎能不红火呢？

猜猜看，在斯坦福研究人员希娜·艾扬格的报告中，当宝洁公司将货架上的飘柔洗发水从 26 种砍为 15 种时，出现了什么样的结果呢？是不是顾客看到洗发水的数量少了一半，销售额就急转直下了呢？

当然不是。非但如此，销售额反倒是增加了 10%。

面对太多的选择时，我们：

一、什么都不做。

在大脑极其疲劳的情况下，我们完全放弃了抉择。

这时，我们会走出去以示抗议！譬如，当我们需要从 25 种不同的投资基金中选择一种作为养老金的投资门路时，或者当我们需要从 26 种洗发水中选择一种时，我们就会是这个样子。

人们会怎么办呢？对一切置若罔闻，弃之不顾。我们累到这种程度时，就会彻底放弃。

二、表现差劲。

不喜欢放弃？好吧，那还有一种选择，就是做出糟糕的决定。

在疲劳状态下，你所做的一切都不过是为了做决定而做决定。

比如，在你的婚礼清单上加一把价值 300 美元的冰桶。在杂货店结账前顺手拿一支超大的雀巢棒棒糖。这些是敷衍了事的表现。

大脑是世界上最为珍贵的财富。灵机一动，就可以产生改变世界的思想、创造美轮美奂的艺术，探知不为人知的生命奥秘。

不过，除了这些，我们的头脑里还有那些无足轻重的决定在没日没夜、无休无止地躁动着。它们就如同闪烁的光芒，逼得我们无法深入思考。

当我们——铃！——时，如何能——叮！——思考——乒！——呢？这些没完没了的决定仿佛窃贼一般偷走了我们的深思。

用句粗俗的话，这些琐碎的决定简直就是占着茅坑不拉屎。它们无须付费、无须道歉。它们无耻地窃取了我们的脑力。当然，许多时候，这都是我们这个联系日益紧密的世界造成的。

《纽约时报》畅销书《浅薄》的作者尼古拉斯·卡尔谈道："互联网带来的交互性是我们查询信息、表达自我、与人聊天时的一件新的强有力的利器。但与此同时，它也把我们变成了实验鼠，通过不断按压杠杆汲取少量的社会或智力滋养。"

我平均每天做出 285 项决定。我醒着的每一分钟，大脑都在思考、权衡、判断、抉择。

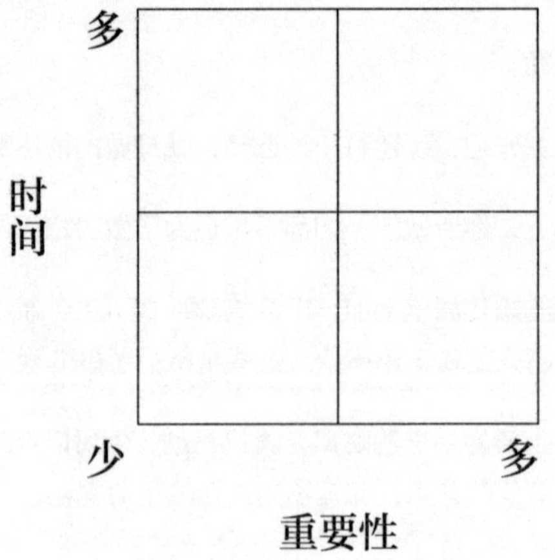

然而，这里面却有一条秘诀，一条可以帮助我们减少选择，事半功倍地做出决定的秘诀。

在以常青藤毕业生的成功人士、《财富》全球 500 强的首席执行官和畅销书作家为对象，仔细研究了他们身上所具有的领导力特质后，我慢慢发现，凡是最成功的人都有一个共同的秘诀，即每天给他们的大脑清除数百条额外的决定负担。

这很简单。

只要按照下图做就可以。

请看，就是这么简单。你所做的每一个决定都可以在这张图中找到。

时间或长……或短！重要……或不重要！无一不在其中。

现在，请看表格里的具体内容。

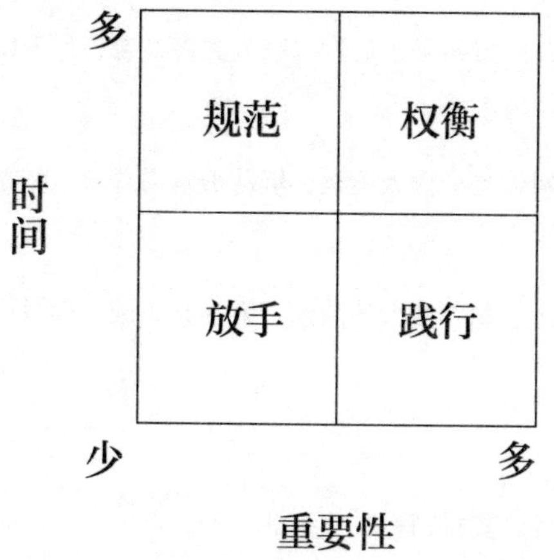

放手

——买手纸和洗涤剂、支付电话费、决定上班路线、计划健身流程。凡是这种耗时少、重要性小的决定，都可以听之任之。转移大脑的注意力，不去为这些问题伤脑筋。

为此，可以每月网购一次手纸和洗涤剂，在手机银行上设定自动支付话费的服务，下载路况应用软件跟着导航开车上班，安排健身流程并且身体力行。

总之，解放你的大脑，千万不要给那些不重要的决定鸠占鹊巢的机会。比如，决定每天健身当然是重要的，但接下来举哪个哑铃就算不上了。

践行

——去幼儿园接孩子、每晚与家人共进晚餐、每天早上向你的团队成员问好。

践行尽管看似是个很大的词，但却很容易理解：就是做完、完成、只管去做的意思。

凡是耗时少、重要性大的决定，就必须完成。你没得选择，只管做就是了。

规范

——查邮件、安排日程、干杂活。

凡是耗时多、重要性小的决定，就要规范起来。制定规则并且依此行事。

为此，可以设置一个单独的电子邮件窗口、安排一次日程规划会议、每周日集中处理一次杂事而不是天天为一两件事而发愁。

权衡

——买房子、选配偶、找工作、跳槽。类似这种耗时多、重要性大的决定必须花最多的时间考虑。

为此，可以在脑子里做一权衡、给信任的朋友打电话、或者分析比对其中的利弊。

总之，务必三思而后行，真正做到权衡再三。毕竟，这些决定都事关重大。

放手、规范以及践行将决定从大脑中清除干净了。

那你还剩下什么呢？

自然是权衡。

权衡就是要深思熟虑、刨根究底、追本穷源。

之所以要权衡重大的决定，其目的就是为了避免错误的产生。

时不时想想人生中所做出的决定并将它们在这张图中对号入座有助于我们分清什么是轻重缓急。哪些是可以听之任之，不需要再费心去想的？哪些是需要规范，可以在固定时间、固定窗口去做的？哪些是可以践行，放手去做的？哪些又是必须权衡利弊、反复思量以确保万无一失的？

久而久之，你自然就会养成这么做的习惯，根本无须再费心去想。同时，你的肌肉自然也会养成习惯，砍除那些不必要的决定。

眼下，这条秘诀还并不完善。一些小的决定偶尔会成为漏网之鱼，最终演变为了不得的大事。不过，这都没有关系。毕竟我们的目的并不是为了追求完美。只要状况比以往有所改善这就可以了。总而言之，放手、规范以及践行既可以解放思想，又可以节约时间。

备受煎熬的大脑将为此对你感恩戴德。

第五节

减法二：制造最后一分钟的恐慌，赢得时间

14 岁的时候，我在亲戚的店里获得了有生以来的第一份工作。

我的堂姐安妮塔在安大略的一座小镇上开了一家仅有 600 平方英尺约 55 平方米的小药房。我是那里的药剂师。

这家药房也就和一个大一点的储藏室差不多大，位于一幢医药大厦的前门处。医疗大厦里人满为患，还有一家简易诊所，整日里都是排着长队，全是咳嗽不止的孩子，撕心裂肺的哭闹声从门外都可以听到。

尽管药房很小，一天也能收到数百张处方，取药的络绎不绝。这种环境就仿佛是流水线式的，给人一种肾上腺素飙升的感觉。

有时候，接处方、数药丸、叮嘱注意事项，这一套程序下来连一分钟都不到。婴儿们哭闹不止、蹒跚学步的孩子们流着鼻涕还有没精打采的妈妈们，他们都挤在一间犹如沙丁鱼罐头般狭小的诊室里等着看喉咙感染。

一开始，我穿着白大褂，每周五晚上值三个小时的夜班，快被累死了。

安妮塔觉得，把我安排在一周里相对清闲的时段应该不会对我有什么大碍。因此，我的工作就是在排队的人相对较少的时候数药片。

每周五下班后，我都会开着父亲的旅行车到赛百味买一个白面包夹意大利腊肠的三明治，然后回家看《X 档案》中的斯嘉丽和穆尔德如何办案。

当面积只有 600 平方英尺的时候，你真的就只有 600 平方英尺，一英寸不多，一英寸不少。

里面挤得简直是摩肩接踵，只能屈身在角落里那张肮脏的脚凳上凑合啃几口凉掉的三明治。药瓶放得柜台上下到处都是，还有一台小冰箱和微波炉嵌在一架小洗手池的上方。

要想去洗手间，必须得从会计那一大摞账本间小心穿过去。洗手间里也不宽敞，扔得哪儿都是衣服和皮靴，而且你还得注意别尿在便池两边的码得像金字塔似的姜汁汽水的箱子上。

药房生意不错。于是，堂姐又和我爸搭伙在相距 20 分钟路程的地方开了一家新店。

“这次”，他们说，“我们总算有了个宽敞的地方”。第二家店的面积是第一家店的三倍，足以摆得下货架。

这样，我们就有了放贺卡、防晒霜和创可贴的地方。另外，店员也可以自如地活动了，就像大都会歌剧院舞台上的芭蕾舞演员。这里真的是空气充足、货架满屋。

16 岁的那年暑假，我开始在第二家店工作。如今的我，数药丸的本领已然达到炉火纯青的地步了，也敢鼓起勇气和顾客聊天了。嘴唇上留着的几根胡子也不再使我坐在柜台后面看起来像个戴着可乐瓶底般眼镜的 11 岁的小屁孩了。起码，看起来怎么也得有 13 岁吧。

我顿时就发现了第二家店几乎在各个方面都比不上第一家店。

首先，没有多余的储藏空间。怎么可能有呢？每一个货架都是满的，大大小小的瓶瓶罐罐堆得柜台上下哪儿都是。货架上的品种一多，库存就多。所以说，现在你必须小心不要尿在放在便池两侧的拐棍或贺卡上。

沟通也是个问题。店员之间相互交流靠说话是不行了，必须得通过纸条和笔记本。现在，店里有了两台电脑。所以，送处方和取药就分成了两个地方。这不仅容易使顾客感到混乱，还会浪费更多的时间。

此外，多跑的这几步路也会使顾客有时候感到交处方的地方没有人服务。而且药丸准备好后，还得叫他们或者在过道里四处找他们。这样一来，就会增加药剂师分发处方、按处方配药的时间。尽管所有人都和往常一样在奋力工作，顾客仍难免感到等候时间太久。

这是怎么回事呢？

原来，**工作空间的扩展最终会导致质量的低下。**

尽管这个故事貌似和空间有关，但本质上却是时间的问题。柜台长了，取送的时间加倍了，顾客跑的路多了，新店给处方配药的时间自然就长了。所以说，还是时间上增加了。你有没有在一间硕大的仓库里给处方配过药呢？那可是需要点儿时间的，是不是？

决定办事时间长短的法则

1955 年 11 月，《经济学人》杂志上刊登了一篇奇怪的文章。该文章署名为西里尔·诺斯古德·帕金森，是个以前从未听说过的名字。

读者在阅读这篇题为《帕金森法则》时发现，整篇文章充满了辛辣嘲讽的意味，不仅将政府的官僚作风鞭挞得体无完肤，还将不断扩张的公司结构冷嘲热讽了一番。

这篇文章看似是一条信息，实则暗含着严厉的批评。在开篇中，作者故作天真地写道：

据一般观察，工作的扩展是为了在完成任务的前提下将可支配的时间用完。

换言之，一位悠闲的老太太可以花一整天的时间给她在博格诺里吉斯写明信片、寄明信片。

她可以花 1 个小时找明信片，花 1 个小时找眼镜，花半个小时找地址，花 1 小时零 15 分钟写明信片，花 20 分钟决定要不要去下一条街的邮筒寄明信片时拿把雨伞。

这么说吧，一个工作繁忙的人 3 分钟所付出的努力，换一个人就有可能在一天的怀疑、焦虑和苦干之后整个垮掉。

这篇文章的核心就在这第一句上：**“据一般观察，工作的扩展是为了在完成任务的前提下将可支配的时间用完。”**

这句话是否似曾相识呢？比如说，“最后期限是最大的灵感”。“待到最后一分钟时，就只有一分钟的时间了。”抑或“钱包里的钱将把钱包撑满”。

我堂姐开的第二家药店可供支配的时间明显增加了。顾客不再目不转睛地盯着你，隔壁也没有了简易诊所和源源不断的处方。

于是，就有了多余的时间，查查相关的研究资料、解答解答关于止咳糖浆的问题。相对于以前嘈杂的环境，现在一切都是安静的。

工作的扩展就是为了将时间耗尽、用完。

回想一下周末将家庭作业带回家的情景吧！还有什么比周末更加完美呢？但是，答一页数学题或是写一份读书报告就像一片阴云般笼罩着周五的夜晚、周六的全天还有周日的上午，想想这些就教人郁闷。

我记得小时候总是在周日的晚上突击家庭作业。偶尔，假如周末要出行或是周末两天都排得很满，我就会在周五晚上写作业。

这时，最后期限实际上是被人为地往前提了。那么，这又会如何呢？感觉简直是棒极了，仿佛周末又多出了许多时间。由此可见，虚假的截至期限创造了更多的空间。

如何将会议的时间减半

在几年前的一份工作中，我突然接手了负责公司全体员工每周例会的任务。

例会在每周五上午召开，既没有明确的议程，又没有任何的规则或时间表，说句不好听的，根本就是老太太的裹脚布，又臭又长。

首席执行官想到哪儿说到哪儿，想说多久就说多久，然后将麦克风传给下一位坐在主席台上的领导时亦是如此。

反正这么说吧，所有的领导讲话时都是这一套。所以，一切都是不可预知的：上午 9 点钟开始，常常是 10 点才结束，有时候还会拖延到 10 点半，11 点的时候也偶有发生。

领导的讲话都是左一榔头西一棒槌，根本做不到言简意赅。开了两个小时的会，人人仍是一头雾水，怎么也想不起来会议开始时要商讨的重点是什么。

随之，我和首席执行官一起重新布置会议。我们将会议分为 5 部分，每部分是 5 分钟，而且还预先制定了议程和发言顺序。

这 5 部分分别为“销售数据”“市场分析”“会议主旨”“营销策略”以及“现场答疑”。在最后一部分中，首席执行官将现场解答听众以书信形式提出的问题。

新的会议只需要 25 分钟！

而且一次也没有超时过。

这是怎么做到的呢？

我下载了一个响音提示器。距离讲话结束时间还有 1 分钟的时候会发出“咚”的一声，还有 13 秒的时候则会发出时钟的“滴答”声，时间一到，音 / 视频控制人员立马就会切断麦克风的电源。还想讲，就得到台上去，但没人会听你说。逼得你不得不下来。

大家反应如何呢？

起初是怨声载道。“我需要 7 分钟的讲话时间。”“我需要 10 分钟。”“这时间也太短了，我还有很重要的事要说呢。”

对此，我们一概予以回绝，并且和大家分享了通用电气公司前首席执行官杰克·韦尔奇在接受《哈佛商业评论》采访时说过的一段话：

一个大型的组织要想有效率，就必须一切从简。

一个大型的组织要想一切从简，就要求其内部人员必须具有自信、相信自己的聪明才智。

缺乏自信的经理人往往会把简单的事情弄复杂；缺乏勇气的经理人常常死守着厚重、费解的计划书，手脚不停地翻看着幻灯片，殊不知那里面有的都是我们从小就已经明白的常识。

真正的领导者是不需要这些乱七八糟的东西的。人，必须要有自信才能做到至简至清，才能相信上上下下每一个人都明白了企业的目标所在。

但要想真正做到这一点却并不简单。你根本无法相信简单之于人有多难，对简单的畏惧又是多么强烈。

他们担心一旦一起从简了，别人就会认为他们头脑简单。然而，事实上却恰恰相反。最简单的人往往是头脑清晰、意志坚决的人。

接着又发生了什么呢?

有了明确的时间限制，发言的人都开始在下面提前练习了。他们给自己计时，讲话时注意重点突出、详略得当，还利用着重号和摘要幻灯片突出要点。

我们引入的理念是“5 分钟之内表达不清的，根本就没必要再说下去了。到时候，人们不是昏昏欲睡，就是开始查收邮件了”。

你有没有听过别人一刻不停地连续讲20分钟呢？除非是条理清晰、言简意赅、引人入胜，不然的话，那简直就是梦魇一般。

人人都担心自己讲话时麦克风被切断电源。所以，25 分钟会议就准时结束了。

那效率如何呢?

一千个人每周节约 1 小时，就这么一个小小的变化就给全公司节约了 2.5% 的时间。

如何一天完成一项三个月的任务

山姆・雷纳是技术行业的领导者。在他的监管下，一家大型网站得以成立并发展壮大，一天的点击量高达数百万次。

他的手下有 60 多名员工，是一个很大的团队。此外，还有一些机动人员，比如设计师、编码员和文字编辑。

那么，他是如何激励他的团队将这个网站从无到有一点一点设计出来并展现出全新的页面的呢？

他遵循了帕金森法则，削减了时间。

他事先通知团队要开一整天的秘密会议，然后在早上的时候给他们布置任务，告诉他们必须今天完成。

换言之，创建网站的时间只有一天！设计、规划、测试，一切的一切都必须在一天之内完成。

这逼得每个人都有些抓狂。于是，人人都动了起来，一起精诚合作。

“时间越短，专注力和效率就越高。我们必须一起团结合作，除此之外别无选择！不然，我们无论如何都不可能在最后期限来临时完成任务。我们总能够想办法实现我们的预期目标。”山姆如是说。

几个月的任务一天就完成了，这样就节约了每个人的思考时间、事务时间和工作时间，就不用等到下班后还在床上、在洗澡时或在公交车上为网站的事继续犯愁。

利用这些时间，他们可以想想其他的事！工作期间，没有关于网站的邮件要查，没有外界信息干扰，没有反复的会议论证，也不可能理解错同事的观点。

所有人都是面对面地交换意见，一起干活，直到任务完成为止！

那么，这条产生错觉、赢得时间的秘诀是什么呢？

就是压缩完成任务的时间。

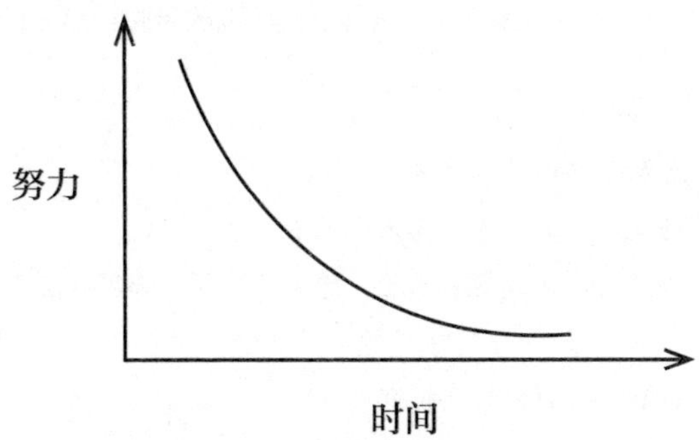

看看这幅曲线图的左边。时间越少，付出的努力就越大。面对最后期限，谁都别无选择。

想想看你在考试中的专注力有多少？规定两个小时？你就会在两小时之内完成！

最后期限创造的紧迫性迫使大脑不得不分清主次、聚精会神。

再来看看图的最右边。时间越多，付出的努力就越小。今天想一点，明天开始干，下周再回过头再干。我们就这么着犯上了拖延症。

原因何在呢？因为我们纵容了自己，而且还没有任何的惩罚措施。所以说，晚的最后期限是效率的坟墓。

西里尔·诺斯古德·帕金森对拖延症是如何评价的呢？

“拖延是最致命的摧残形式。”他说道。

你有没有遇到过这种情况呢？那就是你按时完成了任务，老师却向全班宣布最后期限推迟了。这简直是太烦人了！

你按照原计划完成了任务，精神上却还得备受反复检查有无纰漏的痛苦与折磨，直到最后上交为止。这种状况可以改善吗？该如何改善呢？

凯文说得最妙：

老虎：你的故事有头绪了吗？

凯文：还没有。我在等灵感出现呢。

凯文：创造力可不是自来水管，想来就来的。那得取决于心情。

老虎：什么心情？

凯文：最后一分钟时的恐慌啊。

请记住：工作的扩展是为了将可支配的时间用完。在我堂姐开的第二家药店上，在公司原来的全体会议上，在创建网站的常规周期上，你发现了什么样的隐形障碍呢？那就是**时间**。太多的时间。结果，工作的扩展占用了所有的时间。

该如何解决这个问题呢？

制造最后一分钟的恐慌！

为自己改一个合适的期限。要记住，任务完成后，你就是在创造空间。还要记住：晚的最后期限不仅是痛苦的，还是一无所获的。

难道只有书呆子才会在周五晚上做作业吗？

也许是吧。

但别忘了，他们整个周末都可以尽情享乐。

第六节

减法三：排除虚假的繁忙，做到心无旁骛

我的第一份办公室工作是在我 20 岁出头时得到的。

上大学时，在学年之间为期四个月的时间里，我在一家大型咨询公司获得了“暑期实习生”的工作机会。这个名头听起来很性感，是不是?

这家公司位于市中心的一幢高层写字楼里。凯西是我的顶头上司，还是我所在项目组的负责人。这个项目的客户是世界上最大的油气公司之一。

一个周一的上午，我坐在他的办公室里。他的办公室位于楼层的拐角处，冉冉升起的朝阳透过玻璃窗洒在他的办公桌上。现在，经过了三个多月的紧张熬夜和周末加班，终于挨到了最后的关头。

还有几分钟最后的陈述就要开始了。

凯西的幽默感帮助我渡过了层层难关。我不知吃了多少中餐外卖方才走到今天。但他在最后一分钟抛出的问题却彻底使我支持不住了。我的神经紧张起来，真的是筋疲力尽了。

“我们这儿用的为什么是假设而不是实实在在的数字呢？”他问道。

“因为我三次给罗杰发邮件询问确切的数字，他都没有给我回复。而且，我们也没有他的电话号码。所以我就给他的助理发了两封邮件，可对方还是一次都没回，似乎他已经忽视了我们的存在。这你是知道的。”

罗杰是那家油气公司被吹得神乎其神的首席执行官。每个人都对他仰慕三分。浮夸的杂志文节里时常可以见到他的踪影。

无人不知他是位知人善任的领导，他一面主张要同时兼顾工作与生活，一面若无其事地刷新着每年的业绩。与此同时，公司的员工还告诉我们，他在公司餐厅吃午饭，开着一辆破旧的皮卡上班，并且每晚都和孩子共进晚餐。

他简直就是个传奇人物。

三个月前，开完介绍会后，我给罗杰去了一封邮件，将会议的情况以及接下来的工作给他做了详细的总结，并没有回复。

于是，我就天天晚上带着笔记本电脑回家，以防他有什么紧迫的问题或要求给我发邮件。我每半小时查一次邮件，万一他深夜给我发邮箱让我明早把项目的最新进度交给他呢？反正，无论他有任何需要，我都得有求必应。

可是，……我什么也没有等到。在为他工作的三个月里，他一封邮件也没有给我写过。凯西也从未收到过他的邮件。

我们在项目进行中提出过几个问题，但也从未得到过任何答复。就在刚才，我还向凯西汇报了他的助理也没有回复我的情况。一眨眼，就到了最后的关头，而凯西还在质问我为何没有确切的数字。

我平复了一下心情，然后我们俩一同走进了会议室。罗杰就坐在那里，和我们的公司总裁聊天。

他笑了笑，和我们握了握手，并向我们所做的工作表达了谢意。“我真是太激动了”，他乐呵呵地说道。“我对你们一直以来的努力的感谢是无法用语言形容的。你们简直就是天才。我相信，你们的汇报将使我受益匪浅。”

听了这番话，我对他的怒气瞬间就消失了，还乐得跟得了 100 万美金似的。

我们立即投入到汇报工作中并展开了深入的讨论。整个过程都是在极其轻松、热烈、开诚布公的氛围中进行的。他听了非常喜欢。我真不敢相信一切都是那么轻松自如。他和我们谈话时就像老朋友一样。会议结束后，我们之间建立了充分的信任。就在我们收拾东西的时候，我突然心血来潮，决定问他最后一个问题。

我完全不能自已了。

“罗杰，首先，今天非常感谢。然而，我们在前期确定某些数字时，由于您的问题遇到了一些麻烦。在后续的一些问题中，我们也没有收到您的回复。所以，出于一种学习的心态，我能问问您为何既不写邮件又不回复邮件吗？你那么做的原因何在呢？”

他的眼睛微微睁大了一些，他显然没有料到这个问题，但却并没有显出任何惊慌失措的样子。

“尼尔”，他答道，“电子邮件是存在问题的。发完一条邮件后，你的责任就转嫁到了对方的身上。这可是个烫手的山芋。说白了，邮件就是一项别人转交给你的工作。”

我点了点头，回想着凯西和同事们发送给我的所有邮件。

“邮件我是会看的，但那些希望获得某些信息的邮件似乎并不像它们看似那么紧迫。”我不回时，一般会有两种情况发生：

1. 邮件发送人自己解决了。

2. 若是重要，他们会再给我发邮件。

“当然，我每天都会发一两封邮件，但通常，我所写的邮件要么是‘给我打电话’，要么是‘我们聊聊这事吧’。不是我妻子的邮件，我是不回复的。”

这可把我搞糊涂了。

堂堂一家市值几十亿美元、员工达数千人的公司首席执行官怎么会不发邮件呢？

他停下来看了看我，感觉到了我还是没有明白。

“你知道吗？”他继续说道，“因为我不写那么多邮件，所以也就收不到那么多邮件。大概一天也就是五六封吧”。

一天五封？我在这家咨询公司不论是上午、中午还是晚上可都是在写邮件啊！公司里的每个人都是如此。

“我的收件箱里有 700 封邮件”，我的同事们叹气说。“整个周日下午都在处理邮件。”

这真的是没有办法。毕竟，我们的老板会在周六早上 7 点、周日的傍晚或者周五晚上 11 点的时候发送紧急邮件。我知道，这在我们公司和其他的公司都是司空见惯的。

据传，麦肯锡公司的办公室人员有 28% 的时间都在回复邮件。几乎占到了他们工作时间的三分之一。贝丁公司是世界上规模最大的电子邮件管理服务公司之一。据该公司统计，平均每人一天收到的邮件是 147 封。

我们对手机和电脑都产生了依赖，随时随地四处发邮件，努力应付着一切。邮件是工作的一部分。而我们都希望把工作干得漂亮点儿。

我突然明白了罗杰为什么每天中午在餐厅和员工一起午餐，每天晚上开车回家和家人一起晚餐的原因了。

他这是不愿碰烫手的山芋。

他不回复邮件，是不愿制造邮件的恶性循环。

我抬头再次看了看罗杰。

他继续说道：

“尼尔，人们大部分时间都是自己解决问题的。

他们意识到，他们知道问题的答案，然后继续大步前行，为下一次培养信心。他们拥有了一个更好的自己。

今天，尽管你的假设并不那么完美，但它们本身是具有说服力的，相信你从中也学到了不少。

你千万不要误会。有时候，我会走过去和别人聊天或者接电话。但邮件就不同了，回复邮件就等于是把难题丢给别人。

我想，没人愿意被首席执行官颐指气使地干这干那，……根本不顾是晚上还是周末吧。

原因何在呢？因为人们会丢下一切去回复邮件。然后，他们再等着我回复。基本上，我发了一封邮件，就会没完没了地没个完。既然如此，索性我就不回了。”

如何保护你最有价值的财富

人只有一个大脑，大脑一次只能专注于一件事情。

大脑是整个宇宙中最不可思议和最错综复杂的物体。我们还尚未见过与之类似的东西。我们对它知之甚少。我们使用大脑，却不知道如何使用大脑。

踢腿时，我们先往后收腿，再向前摆腿。思考时，我们就只是思考。

恰如《欢乐酒店》中的克里夫所言：“这有一篇有趣的文章说，普通人仅利用了 17% 的大脑。你明白这意味着什么吗，小子？我们没有充分利用我们的大脑，嗯……还有 64% 没有用呢。”

大脑充满着无限的可能：创造伟大的艺术品，创立企业，抚养孩子，等等等等。没有大脑，就没有《星空》和中国的万里长城，就没有披头士乐队和《圣经》；没有大脑，就没有飞机、火车和汽车。

大脑创造了你现在的生活并将随着你肉体的消亡而消亡。好消息是，现金、年费、月息这些你都不需要交，就免费得到了全宇宙最复杂、最强大的东西。而且是终身享有！唯一的坏消息是没有保修，需要每天充电，即使是世界上最耐用的款式最多也只能用四万天（普通款的使用期是 2.5 万天。）

坏了，就是坏了。所以，安全带、头盔还有训练是不可少的。为了充电满格，大脑需要一天 6~8 小时的睡眠和尽可能健康的食物。这可是一笔不小的投入呢！给大脑充满电差不多相当于 16 个苹果还多。

但别忘了，世界上最强大的超级电脑在你的颅骨里被压缩到了三磅（约 1.4kg）重，需要这么多的能量也是并不奇怪的。话说回来，你吃进去的几乎三分之一的食物都被用来直接供应大脑了。

罗杰是公司里头脑最聪明的人，这一点是毋庸置疑的。这些年来，他可以说是平步青云，步步高升。而与此同时，她始终坚持每天在餐厅吃午饭，每晚和家人共进晚餐。在与他共事的这短短 3 个月里，我学会了如何利用一个小小的变化使每天多出一小时。

什么办法呢？

堵住入口。保护大脑。保卫大脑。**堵住大脑所有的入口，只留一个可以控制的。**除罗杰处理邮件的方法外，后来我还了解到，他没有办公电话，没有私人邮件地址，也没有任何社交媒体账户。

通过堵住大脑的入口，给大脑补充能量并让它肆无忌惮地转动吧！关紧大门，锁好窗户固然不错，但还得回应门铃。

门铃指的是什么呢？就是首当其冲的要紧事。那罗杰的门铃是什么呢？董事会主席和他家人的邮件，而不是语音邮件、手机短信或任何其他的一切。

你在小镇上的那种前台安有门铃的便利店里买过东西吗？平时，店员总是在忙着往货架上上货，打开包装箱或者提交订单。但门铃一响，他们立马就会出现在顾客面前。

这就是“关紧大门，锁好窗户，但还得回应门铃”这句话蕴含的意思。

让大脑创造伟大的作品、体味生活的闲暇、为你最重要的想法、最狂热的努力和最伟大的成就加油助威吧！

你和其他员工共有的最错误的观念

多任务处理。就是同时处理两件以上的事务。

你经常听人说这个词吗？它的意思是什么呢？它又是从何而来的呢？

为了追根溯源，让我们先回顾一下1965年出自IBM的一篇文章吧。这篇文章是如何界定**多任务处理**的呢？就是“微处理器表面上同时处理几项任务的能力”。

是的，这就是多任务处理本来的含义，就源自那篇文章。想再读一读这个定义吗？这一次，我会在其中一个词下面划上下划线，以示强调。

“微处理器**表面上**同时处理几项任务的能力。”

表面上？是的，表面上！他们所说的**表面上**是什么意思呢？难道说，实际上连电脑都无法同时处理多项任务？没错，就算是电脑也不行。下面我再引一段文字，请再次注意有下划线的词：

单核微处理器支持下的电脑多任务处理实则指的是处理器的分时处理；换言之，处理器一次只能处理一项任务，但不同的任务在一秒钟之内可以轮换多次。

分时处理，我们全都对此耳熟能详。就如同是一间湖景房，一年由六对夫妇轮着住。每个人都误以为这间湖景房是自己的！但其实不然，不过是住的时间段不同而已。

这是对只有一个大脑的单核微处理器而言。你还知道有谁也只有一个大脑吗？你我这样的人亦是如此。我们可以制造双核电脑，却无法培育两个大脑的婴儿。唯有这样的婴儿才真正具有多任务处理的能力。

现在，我知道你可能正在想什么。难道仅仅因为电脑无法真正同时完成多项任务，就说我们自己也不能吗？想想看，你有没有过一边刷牙一边脱袜子、一边发短信一边开车或者一边回邮件一边开电话会议的经历呢？

没有吧。

你根本不可能实际做过任何一件这样的事。

你所做的不过是开会车、发下短信；刷会牙、脱掉袜子；脱掉袜子、然后继续刷牙。你可能是一起完成了这么多事，便获得了多任务处理的错觉。

这恰如我的朋友麦克有一次告诉我的："同时搞砸两件事算不上是多任务处理。"

让我们最后再来看一条有关电脑多任务处理的引文吧。这段话出自美国国家仪器公司的一本白皮书：

> 对配置单核中央处理器的电脑而言，在一个时间点上仅能运行一项任务，这就是说，是中央处理器向该任务发出的指令。
>
> 多任务处理是通过安排哪个时间点运行哪项任务以及下一项任务何时运行的方式解决问题的。
>
> 这种为中央处理器重新分配任务的行为被称为任务切换。当任务切换的频率达到一定程度时，就会出现一种并行的错觉。

当任务切换的频率达到一定程度时，就会出现一种并行的错觉。

所有员工所具有的最错误的观念就是可以多任务处理，大脑可以同时处理两项事务。但实际上并非如此，这就是并行的错觉造成的。

假如不同事情安排得天衣无缝的话，别人会真以为你同时做了两件事。但其实并不然。你不过是安排地妥当而已。

你见没见过有人一面查收邮件，一面将电话会议按成“静音”呢？他们并没有在用心开会，而是开始的时候打声招呼，当有人喊他们的名字时赶紧“任务切换”。

例如，当有人问“琳达，你认为这个提议如何？”时，她就会立马停止发邮件，给出个人的意见。

这样，就给了别人一种并行的错觉。

这就和漫画《呆伯特》里的故事如出一辙。

《呆伯特》

作者：史考特·亚当斯（Scott Adams）

1. 你是认真的吗？你要在我汇报工作进度的时候处理邮件？
2. 别担心。我可以做到多任务处理。
3. 多任务处理？一件事你还办不好呢。
4. 你的所作所为只会增加你失败的概率。
5. 恭喜你成为全宇宙最一无是处的碳疙瘩。
6. 你说什么？对不起，我刚才没听见。
7. 我说我的项目正在如期进行。
8. 好的，太棒了！这完全符合我的预期。

还记得以前只有医生才有寻呼机的时代吗？有时候，他们需要随时待命，总是随身带着传呼机；若非如此，是根本无法联系到他们的。

假如有急诊，医院就会给医生发传呼信息，这时，医生就会立即驱车赶回医院给孕妇接生或者进行阑尾炎手术。特殊情况就需要特殊对待。

后来，一夜之间人人都有了传呼机；接着，人人又都有了手机。到了今天，随时随地都可以联系到任何人。

还记得商店逢周日就要关门的日子吗？那一天是家庭团聚的日子，是去教堂做礼拜的日子，还是宁静祥和的日子。

没有商店开门，所有人只是静静地待着，什么事都干不了。后来，一些商店破了这条规矩。为了竞争，其他店铺都纷纷效仿，地方法律也随之改变。如今，网上店铺一天 24 小时都营业。

如何凭借一个小小的变化使一天多出一小时呢？

你需要堵住大脑的入口。

关紧大门，锁好窗户，回应门铃。

如何利用大脑仅有的两种模式

约翰·克里斯是巨蟒组的创立者之一。他对如何堵住大脑的入口、如何解放备受“繁忙”蹂躏的大脑颇有一套。

在其一生当中，他深谙排除干扰、创造空间之道，并因此远近闻名。那么，其效果如何呢？还算凑合吧。也就是获得了金球奖和奥斯卡奖的提名，演艺生涯一直延续到 70 多岁，出演过 100 多部影片吧。

诚如他在对影像艺术的一次致辞中所言，我们“工作时的大部分时间里”都是处于关闭模式的。

“因为我们紧迫地感觉到有许多事情要做。若想如期完成，就必须潜心苦干。这是一种积极但略显焦虑的模式，尽管这种焦虑并不完全是负面的，有时还可能带着点刺激和愉悦……在这种模式下，我们做事的目的性是很明确的，故此，会倍感压力和些许狂躁。”

那与之相对的是什么呢？约翰称其为开放的模式。在这种状态下，大脑是自由自在的、是活泼快乐的，这时的大脑具有创造伟大的潜能。听起来是不是有些违反常理呢？也许吧。然而，堵住了大脑的入口……也就开阔了你的思维。

“比较而言”，约翰说，“开放的模式比较轻松、豁达，也没有那么明确的目的性。这时候，更宜于沉思，更宜于幽默……故此，也就更加地富于游戏性。与此同时，在没有任何具体任务的压力下，我们的好奇心得到了最大化的激发。而且，这种游戏的心态也使我们与生俱来的创造力有了重见天日的机会”。

该如何进入开放模式，又该如何堵住大脑的入口呢？

“这就要学会劳逸结合。”他如是说。

“游戏性和创造力在通常的压力下是无法产生的，因为应对压力是需要切换到关闭模式的。所以，必须要学会忙里抽闲。这就意味着要闭门修炼，营造一片安静的空间，达到泰然自若的境界。”

记住，一定要营造一片安静的空间，达到泰然自若的境界。

工作中必经的难关

如何清除外界的干扰呢？如何闭门……修炼呢？而且还不能在森林

里修建小屋?

这并不是轻而易举就可以做到的。

在担任沃尔玛的领导力发展部主任期间，我发现了人们和我沟通时的六种方式：电子邮件、语音邮件、即时信息、手机短信、字条、当面交谈。不管是哪种方式，都会占用我的时间，因为我必须为此做三件事：

1. 整理信息
2. 分清主次
3. 任务切换

“人在工作环境中”，密歇根大学心理学家大卫・梅耶尔说，“除文字处理外，还要接电话、和同事沟通、向上司汇报，一刻不停地切换着任务。专注力一次连几十分钟都坚持不到，那就意味着公司会为此丧失 20%~40% 的潜在效率。用研究人员的话讲，这就是任务切换的‘时间成本’。事实上，在任务切换时，人人都会有短暂的脑闭塞产生。首先是产生切换任务的想法；其次是实现任务的切换；最后是适应当前的任务”。

范德堡大学心理学家雷内・马鲁瓦做过一项研究。该研究显示，大脑具有一种“反应选择瓶颈”。

我简直爱死它了！当有人给我打电话的同时，既有新邮件又有人到我办公室找我时，会出现什么情况呢？反应选择瓶颈。

想象一下这时有个机器人的声音一顿一顿地警告说：“错误、反应、选择、瓶颈。”换言之，就是说我的大脑死机了。

哈佛商学院有一项名为《呼风唤雨：为何坏天气意味着高效率？》的研究。在朱娅・茱莉亚・李、弗朗西斯卡・基诺和布莱德利・R. 斯塔茨的共同主持下，该研究显示，坏天气可以减少工作的可选择性，并以此提高工作效率。减少了外出的机会？室内的工作效率自然而然就上去了。

有一天上班的时候，我决定尽可能地排除一切干扰。关紧大门，锁好窗户固然不错，但还得回应门铃。（对我而言，门铃就是老板发来的电子邮件。）

首先，我登录了语音信箱，将其永久设置成了无法接收语音邮件的“假日模式”。这样，就没有了烦人的“哔哔”声，电脑上的红灯也不亮了。

我留了一条信息给大家，告诉他们有事改给我发邮件，然后不慌不忙地拼下了我的邮箱地址，如是反复了好多次。

接着，我删除了办公用的即时信息软件，又从办公电话里退出了所有员工都使用的短信应用软件。

同事们之所以使用这两个软件发送信息，是因为它们可以营造一种并行的错觉。

但这一切都是表象。其背后还是整理信息、分清主次、任务切换。不行，“离开模式”已经不能满足我的要求了，我要把它们删得一干二净。

最后，我关闭了邮件的所有通知。这样，就听不到“叮”的提示音了，也没有自动弹出的消息了，也不会有新邮件的提示通知了。

没有了语音邮件、没有了手机短信、没有了即时信息、没有了邮件提示，我获得了前所未有的专注力。若是想从办公室躲会儿清静，我就会到餐厅工作会儿。

完全排除了外界的干扰，我就可以自由选择专注的问题、思考的任务并一举将其拿下。

如何利用一个小小的变化使每天多出一小时呢?

堵住大脑的入口。关紧大门，锁好窗户，接听需要回应的门铃并保持全神贯注。换言之，就是排除一切干扰，做到心无旁骛。

一定要注意，当你的效率激增时，工作效率就会随之提高，这样你就可以更加惬意地享受闲暇的时光。

第七节

假如生活充满了忧愁，没有闲暇驻足凝望，这，还算是生活吗？

我们为何如此忙碌？

因为工作占用了所有的空间。

而且，有时我们对空间不够重视。

1. 凯文：在这儿真是无事可做。

2. 老虎：难道你不觉得这样反而很好吗？不用四处奔忙，停下来喘口气。

3. 老虎：有时候，人就应该什么都不做，只是到处看看，想想事情。

4. 凯文：在这方面，你是行家。

老虎：我喜欢的是看着看着，想着想着就睡着了……然后突然从梦中惊醒的感觉。

不用再忙得四脚朝天的关键在哪里呢？那就是创造空间，使其成为你生活的一部分，并且时刻保证要留有空间。不管是一天、一周还是一个月，都要保证空间的存在。要学会接受新思想、培养人际关系、使成年累月的日子渐渐累积成长久、快乐的生活。

创造空间就是将自我从繁忙生活的压力下解脱出来的秘诀。

我们再来回顾一下创造空间的三个减法吧。

还记得那群披着黑色战袍、戴着杀气十足的面罩、手持锋利的长柄镰刀的十字军武士吗？

他们大刀阔斧地砍掉了你人生中的一部分，使你获得了干其他事情的自由。所以，空间源自减法。**要想获得生活的空间就必须要减少选择、减少时间、减少入口。**

1. 如何事半功倍做选择？减少选择。
2. 如何产生错觉、赢得时间？减少时间。
3. 如何利用一个小小的变化使每天多出一小时？减少入口。

那么，创造空间有何益处呢？

蒂姆·克瑞德在《纽约时报》上的一篇题为《“忙碌”的陷阱》的文章中指出：

闲暇时光不仅只是假期、沉溺、恶习；它之于大脑就如同是维生素D之于身体，不可或缺。

被剥夺了闲暇的时间，我们就会患上精神疾病，就如同身体会患上维生素D缺乏症。闲暇时光所赋予的空间与宁静是生活的必需。

有了它，才可以与生活保持距离，俯瞰生活的全貌；有了它，才可以天马行空地思考，等待那夏日闪电般的灵光闪现。

生活就是如此矛盾，但这的确是完成一切工作的必要条件。

或许，这听起来有些让人摸不着头脑。一方面，我们在谈论向退休说不。另一方面却又在谈论创造空间的目的是为了提高效率。

但不要忘了，退休指的是完全地停止工作。而创造空间则意味着劳逸结合，享受生活的乐趣。

一番苦思冥想、深思熟虑、灵光闪现之后，一段闲暇的时光必然会使人精神焕发地重返工作的战场。

还记得那幅空间图吗？

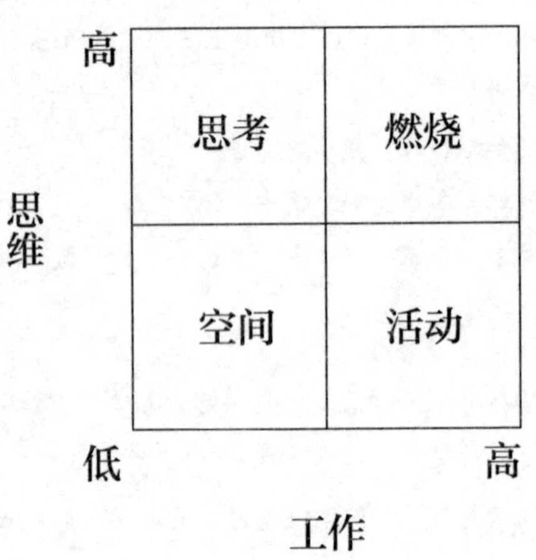

一定要注重劳逸结合，适时通过思考和活动放松身心，并且运用三个减法为生活赢得更多的时间。毕竟人生苦短、稍纵即逝，亦不可能永葆青春。

所以，除通过三个减法发展额外的空间外，还要**善待这能量巨大的空间。唯有如此，我们的思想、时间以及生活才能获得满足、自由和幸福。**

我祝愿大家都能如愿以偿地获得这一切，这才是人生的终极目标。

威廉·亨利·戴维斯 1911 年创作了一首关于创造空间的诗。诗的题目就叫作《闲暇》。让我们一起阅读一下这首 100 多年前创作的完美诗歌吧，希望它可以为今天的人们带来一些关于幸福生活的启发。

假如生活充满了忧愁，
没有闲暇驻足凝望，
这，还算是生活吗？

没有闲暇驻足在枝头底下，
如羊群和牛群般久久地凝望。

没有闲暇，在穿越树林时，
遍寻松鼠在草丛中埋藏坚果的地方。
没有闲暇，在晴空万里之下，
留意溪流中俯拾皆是的星星，宛若摧残的夜空。
没有闲暇回望佳人那风情万种的眼神，
欣赏她的玉足翩跹起舞。

没有闲暇待她朱唇微启，
为她妩媚的笑颜平添姿容。

假如生活充满了忧愁，
没有闲暇驻足凝望，
那这，就是可悲的生活。

幸福至上

从我出发

莫忘变数

拒绝退休

赋予自我更多的价值

创造空间

坐拥一切

人生的特权就是成为真正的自己。

——荣格

我 5 岁的时候，妈妈总是告诉我说，幸福是人生的一把钥匙。上学后，他们问我长大后想成为什么样的人，我就写下了“幸福”二字。于是，他们说我会错了意，我说他们不懂得生活。

——约翰 · 列侬

除了你自己，没有人能够给你更加明智的建议。

——马库斯 · 图留斯 · 西塞罗

秘诀之七

如何将最大的恐惧转化为最大的成功

第一节 童年创伤使我放弃了游泳

“别害怕，滑下来！从滑梯上滑下来！”

湿漉漉的泳衣紧紧地贴着我的身体两侧。我坐在那条弯曲的蓝色塑料滑梯的顶端，向下盯着波光粼粼的淡蓝色游泳池还有那个张开双臂、留着黑色大胡须的健壮男人。

他是我爸爸学校的同事。我们正在校长家欢度一年一度的学年末聚会。老师们聚在院子里的烧烤架旁，所有人都在庆祝夏天的开始。

“我会接住你的！别害怕！”

当时，我才 8 岁，还不会游泳，但整个下午都在浅水区的边上和我的妹妹妮娜一起玩耍。

我一边玩，一边看着其他的孩子爬上滑梯的顶端，有的脚冲下往下滑，有的手冲下往下滑，还有的脸冲下往下滑，泳池的上空回响着阵阵尖叫声。

滑梯的顶端有一根软管，这是防止滑梯被烤干用的，里面喷出的水花在炽热的阳光照射下熠熠生辉，看起来极其诱人。

应该没什么好害怕的。

简直是易如反掌。

最终，我决定爬上去试试。我 6 岁的妹妹颇识水性，游得像条鱼似的，而我的父母至少都会狗刨。我可不能给全家人丢脸。

“我会接住你的！别害怕！”

我看了看波光粼粼的淡蓝色游泳池，又看了看这位高中数学老师的双眼。于是，我深吸了一口气，鼓起勇气滑了下去。

风迎面吹着我的面颊，胃里向上翻着，内心充满了兴奋。可当我看到那位健壮的老师突然将手抬到天上的时候，一阵恐惧突如其来，而他却站在那儿哈哈大笑。

他欺骗了我，他是不会接住我的。

我猛地栽进了深水区，眼前闪现的亮蓝色犹如恐怖片里的镜头一般。我的胸腔里一下子灌满了水。

我挣扎着想要呼吸，疯了似的在水中拍打。那种热辣辣的呛了水的感觉就仿佛是被烧着的毯子捂得透不过气来。我的双眼迷离了。

我不停地拍打、不停地拍打，直至感觉一双大手抓住了我的腋窝将我拽了起来。

“瞧，你会游泳了！”他尖叫道。烧烤冒着股股轻烟，耳边传来啤酒瓶碰撞的声音和远处微弱的笑声。我的妹妹跑着找爸妈去了。我剧烈地咳出水来，胸腔里跟卡着玻璃似的。

第二节

凡是遇到不乐意做的事，我们常常会自动设置两条障碍

那天，我没有再游泳了。

况且，我小时候耳部还时常感染，所以，游泳时总是戴着全套的呼吸管。后来，我迷上了橡胶耳塞和塑料泳帽，游泳课简直变成了滑冰课。

暑假时，我会在浅水区泡一泡，或者偶尔穿着救生衣，戴着游泳镜，抱着有浮力的泡沫塑料，在水里踢踏几分钟。

十几岁参加泳池聚会时，我就故意不带泳衣，坐在岸边给自己制造借口。上大学后，朋友们去体育馆游泳时，我就会在跑步机上慢跑。

我害怕游泳，并且很会给自己找理由。

我为何不游泳呢？

首先，我认为自己不会游泳。脱掉呼吸管后，我只学了几节课。想象一下一个 14 岁的内心充满恐惧的少年吧。他不愿在一个适合 5 岁孩子的婴儿游泳池中弄湿自己的脸，像马戏团里的海豹一样从池底捡五颜六色的高尔夫球。

我很快就放弃了。儿时的那次刻骨铭心的遭遇依然历历在目。透不

上气、浮不上来、坠入水底的痛苦如梦魇般纠缠着我。

其次，我不想游泳！有谁会在乎我会不会游呢？我完全没有这么做的动机。这算得了什么呢？

而且，换上泳衣不就暴露了我麻秆儿似的胳膊和满是赘肉的胸脯了吗？更何况，水里又冷又湿，还有氯气，游完还得洗澡、换衣服。完全没必要如此吗？其他的锻炼不也一样吗？

随着年龄的增长，我又不断暗示自己，一起烧烤、喝啤酒时，才是男人们谈得最尽兴、最投机的时候。反正我又不住在海边，游泳不净是浪费时间吗？

那么，当我们遇到最不乐意做的事情的时候，会设下哪两条障碍呢？

一是不会。

二是不想。

第三节

从恐惧走向成功的思维方向

让我们暂且退一步看。

游泳的确是我所畏惧的。

但大脑还是要走一系列相同的程序。

要做一件事，我们首先需要确认自己会做；其次，我们还得想做。

只有这样，我们才能真正去做这件事。

我们告诉自己，这就是一件事得以完成的程序。

就像下图所示的这样：

会做→想做→做

对我而言，一谈到游泳，我就怎么都跨不过会做（我不会游泳）或者想做（我不想游泳）这两道门槛，所以，我永远也不可能去做（我不会去游泳）。

几年前，我学到了一条如何克服这些难题的秘诀。

和莱斯莉几个月来的相知相恋一夜之间改变了我的生活。约会了几次之后，有一次我们一起共进晚餐。聊天当中，她告诉我非常喜欢游泳。“在全世界中，我最喜欢的就是游泳”，她说道。“水可以给我家一样的感觉。”

“难道不是我吗？”我略带失望地说，“我既不游泳，也不喜欢游泳”。

“嗯，想来我家小屋的话，你必须得是游泳爱好者。这座小屋位于一座湖心小岛上！我们每天清晨都会围着小岛游泳。下至我 10 岁的堂弟，上至我 80 岁高龄的祖父母，无一例外！要是不加入进来的话，就得孤零零一人坐在码头上傻看。”

当天晚上，我就报了游泳班。

不知为何，我突然一下子就将什么是否会做了、是否想做了的统统抛到了九霄云外，直接去做了。

我毫不犹豫地用信用卡在线支付了游泳班的报名费。这个游泳班只收成年人，位置就在市中心的繁华地带。

几周之后，我在破旧的更衣室里的漆面松木椅上战战兢兢地换上了泳衣。这可是我 20 年来第一次上游泳课呀。我紧张得手心里都是汗。

我真想穿上衣服一走了之。但我还是莫名其妙地走进了泳池，学会了我人生当中最有价值的一件事。

究竟怎么回事呢？

2 分钟没到，我就不觉得格格不入了。和我一起学游泳的都是什么样的人呢？新近从内陆国家过来的移民、比我经受过更加严重的童年创伤的人、还有那些因小时候家里穷没钱学游泳的人。

这一次，在游泳方面，我终于不是最差的一个了。大家游得都很烂！很快就形成了彼此间的信任。

没到 1 个小时，我就敢穿着救生衣在深水区里瞎扑腾了。过了几周，我又敢不穿救生衣直接跳进水里了。学会踩水只用了一个月的时间。

游泳班结课时，我已经会自由泳了。

看起来，我就像一只溺水的鹿，但却毫无半点恐惧。

原因何在呢？

这就是真正的秘诀所在，是我意识到的一件举足轻重的大事。这条秘诀适用于一切你想做的任何事。我敢向你保证绝对百分之百管用。

上完第一节游泳课后，我就悄悄在想，也许我还是会游泳的。我相信自己完全有这方面的能力。而且，在深水区瞎扑腾时的兴奋给了我下周再尝试一下的念头，我希望了解一下自己还有什么样的潜力。

现在，我有了想游泳的积极性，爱上了那间破旧的更衣室。快将打水板给我！我迫不及待地想要回到泳池中！

此时，刚才的那幅直线图变成了一幅循环图。从

会做→想做→做

变成了

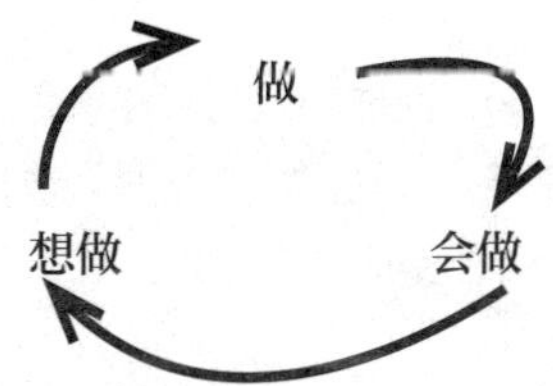

两者的区别在哪儿呢？且看循环图，它是没有终结的，既没有起点，也没有终点，它的循环是没有穷尽的。你没必要在“做”上止步，因为它可以是一个起点！从“做”可以引出“会做！”

引申到游泳上，自然就是去学了……所以，我相信我可以学会游泳……并进而有了想学的意愿。

我并没有在“做”这一点上止步，而是将其作为了起点。这不仅坚定了我能够学会的信念，也赋予了我想学的能动性。

一切都是从后往前倒序进行的。

先是开始做，随之而来的是自信与动机。

在游泳上，我首先付诸了实践。到达泳池后，换衣服、穿救生衣、在泳池里瞎扑腾。

于是，产生了能够学会的信心。在游泳池里没有溺水就是明证。

接着，就又产生了主动学习的意愿。我愿意游泳，我希望持之以恒。结果就是，我成为了一名游泳好手！

这幅循环图完全颠覆了我们大多数人的做法。

我们一般会怎么做呢？

首先，我认为我具有相应的能力。接着，产生主观能动性。最后，才是真正地付诸实践。

一般而言，我们认为，在成功做到一件事之前，第一，必须得有能力，第二，必须得有意愿。否则，就会遭遇失败！正是因为害怕丢脸，我们才心存畏惧。这么多年来，我对游泳的态度就是如此。

这种思维究竟错在哪里呢？

错就错在在这种思维模式的影响下，我们对那些本就毫无兴趣的任务更加地望而却步。

这么做，就如同是把完成这些任务的能力沉到了煤矿巷道的最深处，而在通往这里的那条危如累卵的铁路上，一条轨道是自信（会做），一条轨道是动机（想做）。

为此，我们最希望完成的任务就被放逐到了很远的地方，面前横亘着两条精神上的障碍。

因而，若想写书？我就会参加一个写作课程学习如何写作。然后找一家环境优雅的咖啡馆寻找灵感并最终完成一部杰作。

这样是不行的！

若想写书？那就先写一页，哪怕是写得很烂。一旦开始了，就会获得写作的自信与意愿！原因何在呢？因为喜欢做就印证了我们具有相应的能力。

若想开始锻炼？我就会存钱雇个私人教练或者办一张健身俱乐部的会员卡、买一双运动鞋。然后制定一份完美的流程单，再找个健身的同伴。这样，我就会成为健身狂人。

这样是行不通的！

若想开始锻炼？就到户外跑步，光跑步就够了。穿什么、跑多远并不重要。你可以两分钟跑到街的尽头然后再折回来。一旦开始了，就会产生跑步的自信与意愿。这样，你就会成为一名既具有自信、又拥有动机的人。跑鞋吗？下次再说吧。

归根结底，我那天究竟学到了什么重要的哲理呢？

我懂得了并不是说比做易。

而是做比说易。

第四节

欺骗大脑，获得坚持不懈的动力

杰瑞·宋飞是全世界最成功的喜剧演员之一。他荣获过艾美奖和金球奖。

据《财富》杂志推测，他一年仅靠《宋飞正传》的转播权这一项，收入就可高达 3200 万美元。

与此同时，他还是一名在巡回演出中大获成功的单人喜剧演员，《纽约时报》畅销书作家。他一人就拥有差不多 50 辆保时捷。

一度，他还荣登过年度收入最高明星榜的榜首。尽管已然是功成名就了，杰瑞仍然需要“哄着大脑”继续努力。

就同你我这样的人一样。

根据布拉德·艾萨克在接受《生活黑客》的采访时所言，20 世纪 90 年代早期，他本人是一名不知名的单人喜剧演员，时常在纽约市大大小小的喜剧演出场地做巡演。

有一次，他在演出的后台碰到了宋飞。要知道，当时，《宋飞正传》刚刚开始崭露头角，还没有形成什么气候。故此，宋飞也在纽约市俱乐部、夜总会里巡演。

表演结束后，布拉德在后台见到了宋飞，并且瞧准机会请教他对年轻的喜剧演员有何忠告。

于是，宋飞就向他吐露了自己的心得：如何使创作喜剧成为他每天乐此不疲的工作。

“他告诉我说，要想成为一个好的喜剧演员就要不断创造新的包袱，而要做到创造新的包袱就要每天坚持不懈地搞创作。”布拉德如是道。

“他还向我透露说，他自创了一套日历，并以此逼迫自己坚持创作……他教我在墙上挂一面巨幅的日历，日历上标明一整年的日期，把它挂在一面显眼的墙上。

“然后，买一支红色的荧光笔。他接着告诉我说，每创作一天，就在相应的日期上画一个大大的红X。”

猜猜看这会起到什么样的作用呢？大脑真的上当了，希望获得越来越多红色 X 号的心理赋予了他坚持下去的动力。

话说回来，又有**谁能抵挡得了这种方式带来的成就感呢**？现在，你所要做的就是一天不落地坚持到底！

这听起来是不是似曾相识呢？

杰瑞·宋飞完成“工作”是从实实在在地着手去做开始的。这为他赢得了会做的自信。接着，他又获得了“X 号与日俱增”的动机以及每天想做的意愿。

第五节

不是说比做易，而是做比说易

第六节

30 秒掌握坚持不懈的绝招

为提高办事效率，该如何从做开始呢？

下面是《纽约时报》畅销书《我教你变成有钱人》的作者拉米特·塞提分享的一则逸事：

“我总是找不到去健身房的动力。每天清晨，我迷迷糊糊地一觉醒来并告诉自己说：‘呃……我知道该起床了……’然后，翻个身又呼呼大睡起来。

这样的日子过了一天又一天，即使是我打心眼里真心想去健身也不例外。渐渐地，我开始意识到，‘动力’和改变习惯没有什么太直接的关系。

于是，我开始尝试不同的方法：比如，将健身提上日程，每天早睡30 分钟。如是过了两星期……但收效甚微。

后来，当我坐下来认真分析不去健身的原因时，我突然意识到：原来是跟盥洗室在另外的房间里有关。这就是说，我必须得穿着平角裤、冒着寒冷走到另一间房间，瑟瑟发抖地穿衣服。

这样一来，有谁会不贪恋暖和的被窝呢？发现这个问题后，我就在前一天晚上提前叠好衣服，摆好鞋子。

等到第二天一睁眼时，我就会翻身看到地板上的运动服。事实上，若非如此，我是根本起不来的！

效果如何呢？现在，我去健身的次数是以前的 4 倍还多。”

对此，许多人都有过类似的经历。有些人干脆直接穿着运动服睡觉。这样，他们醒来的时候，“去运动的概率就更大了”。

毕竟，运动服都穿在身上了，不如去健身吧。既然已经是整装待发了，再去换其他的衣服不是更麻烦吗？

短短 30 秒，就可以使去做一件事变得更加简单。

我上游泳班也是同样的道理。假如我第一节就逃课，那就会浪费钱。宋飞在日历上画上大大的红色 X 号，就是因为他希望一天不落地坚持到底。

拉米特·塞提将运动服放在床边也是如此。想戒掉薯条？那就把它们藏好吧。万一看电视时嘴馋了，还好把握一些。不吃了之后，你就会树立起戒掉薯条的信心，就有了继续下去的决心。

故此，将做作为起点，把会做和想做摆到次要的位置，就可以提高办事的效率。

第七节

一旦开始，便会继续下去

首先需要搞清楚的是，谁是历史上最伟大的物理学家呢？

要我说当数牛顿。我认为，他丝毫不比爱因斯坦逊色。为什么这么说呢？

因为牛顿不仅发现了万有引力，还发明了微积分和望远镜。

这是相当不错的！那么，他相信那幅循环图吗？那是当然。

他在第一定律中完美地诠释了这一点：“除非有外力施加，物体的运动速度不会改变。”

换言之：一旦开始做某事，就会继续下去。

原因何在呢？

因为不是动机引起行动。

而是行动引发动机。

第八节

只管去做

耐克的广告语可谓一语道破天机：

只管去做。

这条广告语诞生于 1988 年。为此，耐克的市场份额从 18% 增长至 43%，销售额也从当初的 8.77 亿美元猛增至 92 亿美元。这条广告语可谓是说到了人们的心坎里！每个人都对此产生了由衷的共鸣。

只管去做。

想在汇报工作时信心满满吗？无须上公共演讲课，无须对着镜子苦练，只管去做就行了。要在下一次的团队会议上讲话？只管说就是了。

只要一句话出口，自然就会树立起会说的信心和想说的欲望。你深知现在若是不开口，就永远都开不了口了。

而且，在团队会议上讲话也将永远成为你的死穴。那么以后，你就再也不会胜任有讲话机会的工作了，再也不会自告奋勇地汇报工作了。你将永远沦为公司里的闷葫芦。

我由衷地奉劝各位不要如此。

只管大胆去做就可以了。

第九节

一件事开始时，我们都会忐忑不安

《小鬼当家》是我小时候最喜欢的影片之一，每逢圣诞节都会坐在电视机前着迷地观看这部电影。

凯文的家人都飞往巴黎过圣诞节去了，只剩他孤身一人独自面对种种困境。独处期间，他发现了自我，与窃贼斗智斗勇，还和隔壁的怪老头交上了朋友。

在影片的尾声部分，有一幕感人的场景。在与怪老头的谈话中，凯文了解到，他与儿子断绝了关系，两人彼此谁也不搭理谁。

每到圣诞节的时候，怪老头都无比地想念自己的儿子，可就是没有勇气拿起电话。这是怎么回事呢？为什么他就不能给儿子打电话呢？

还是自信和动机的缘故。他认为自己实在是打不了，故而也就丧失了打电话的念头。

之所以提起这幕桥段，是因为凯文干了一件很了不起的事。他为我们解释了陷入恐惧时有什么样潜在的负面影响。

凯文：我始终对我们家的地下室心存恐惧。那里又黑又暗，还放着一些怪怪的东西。地下室闻起来也怪怪的。这种恐惧感一直困扰了我好多年。

怪老头：地下室就是这样。

凯文：后来，我鼓起勇气下到底下去洗衣服，发现原来事情并不是想象的那么糟。一直以来，我都对此担惊受怕。可一旦打开了灯，却发现根本没什么可怕的。

怪老头：你到底想说什么呢？

凯文：我觉得您应该给儿子打通电话。

怪老头：可万一他不理我怎么办呢？

凯文：至少这样一切都明朗了。您就不必再为此担心，为此害怕了。

当着全公司的面讲话，最坏的下场是什么呢？大不了不就是一败涂地吗？但，恰如凯文所言，至少你看清了一切，不必再为此心惊胆战的了。要么重整旗鼓，要么改弦易辙。

那么，说到这儿，惨败的概率有多大呢？

可以说是微乎其微。最优秀的领导者无不是屡败屡战、越挫越勇。当然，失败是在所难免的。但只要坚持，成功的概率就会变得很大。要知道，任何微不足道的胜利都会转化为继续尝试的信心与渴望，直至取得巨大的成功。

这样，你就获得了坚持的动力。

那么，关于动力的累积，喜剧演员史蒂文·赖特是如何评价的呢？

“写一本书，就是页码日益增多的过程。”

实际上，这句话将我们在开始做一件事时的那种忐忑不安的心情刻画得淋漓尽致。

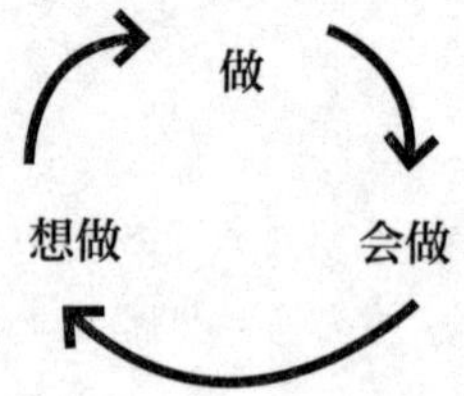

总而言之，转换新的思维方式比转换新的行为模式要简单得多。

那么，现在就开始前进吧！

尽管放手去做。

幸福至上

从我出发

莫忘变数

拒绝退休

赋予自我更多的价值

创造空间

只管去做

秘诀之八

轻松掌控最为重要的人际关系

第一节

我办了一个滑稽舞团

“我为医学课本画肌肉。”

“我是以在网上写励志文章赚钱的。”

在市中心一家酒店的酒吧里，我望着这个坐在野餐桌对面、染着亮粉色头发的女孩。我微微笑着、蹙着眉、又呷了一口杯中的啤酒。

那时的我 29 岁，坐在一张野餐桌旁。离婚后，我过了一年单身的生活，同时接受了一年的治疗。最终，我决定尝试一下网上交友的方式。

于是，我在网上发了一份个人简介，希望写得还算是真实可信吧。反正，上面把我的种种古怪、离奇还有缺点都写得一清二楚。我花了很久来考虑自己是什么样的人，有什么样的需求。

最后，我用了五个词来概括我自己：古灵精怪、极富创意、生性浪漫、笃信乐观、志存高远。

我希望这些给人的感觉是我是个不失幽默、有趣但天性古怪的人。

这恰如约翰·列侬所说：“不古怪反倒不正常。”

我介绍了自己喜欢把小甜橘的皮削成一根弯弯曲曲的长条，喜欢暴风雨前温热的土腥气，还喜欢吃通心粉时将叉子的每一根齿上都扎上一根通心粉。

我还介绍了自己在刷牙时总喜欢往浴帘后面窥探以确保没人藏在里面，习惯按照杜威图书分类系统排列书籍。

此外，我既不会使锤子，又不会正确地系鞋带，爬两段楼梯就累得气喘吁吁。反正是种种古怪、离奇还有缺点都写得清清楚楚。

几天之后，我就突然开始和同一座城市里的不同的人见面了。这些人都很有趣，仿佛是凭空冒出来的似的。我以前从未接触过这些人。

我和一位芭蕾舞导演喝过咖啡，和一位食品合作社的创始人跑过步，还有一次，在一家咖啡馆里讲 3000 年的生活时，还和一名营销主管会过面。

在尽情疯玩了一阵后，最终**我爱上了我自己。**

那么，怎么才能轻松掌控最为重要的人际关系呢？

那就是做自己。

没错，**做自己。**

做自己并且欣然接受这一点。

你不可能成为更好的别人。在全世界，你就是独一无二的。最真实的自己就是最好的自己。

你独一无二、错综复杂、与众不同、丰满鲜活。若是头脑里产生了一些稀奇古怪、一闪而过的想法或是在夜深人静的时候冒出了什么念头，请务必牢牢把握住这一切。

因为正是你的所思所想、所作所为、言谈话语循序渐进地决定着你对自己的认同。

除自己外，没有人知道你头脑里的每一个想法。你是你思想的聆听者，应该依其命而行。

做自己。

为自己。

无论是在工作中，在学校还是在家里，你知道为什么展现真实的自己是如此至关重要吗？

原因就在于：

世间之大快莫过于因真实的自己被爱过；世间之大哀莫过于因伪装的自己被爱过。

第二节

本真——《罗西·格利尔写给男性的刺绣指南》

下面，请跟随我一起回到 1932 年佐治亚州的一座花生农场吧。罗斯福·格利尔就是在这里出生的。

朋友们都亲切地管他叫罗西。罗西身高 6 英尺 5 英寸，体重达 300 磅，司职防守截锋，入选过 NFL（美国橄榄球大联盟）的全明星阵容。

在橄榄球赛场上，没人真正想和这么一位大块头硬碰硬。此外，他还是洛杉矶公羊队恐怖四人组中的一员猛将，他把守的防线被誉为历史上最强的后卫线之一。

我喜欢罗西·格利尔，但却与他的橄榄球生涯无关。无论是他场上的擒杀、拦截还是入选全明星阵容，这些一概都无关紧要。**我之所以喜欢他是因为他是一个极其本真的人。**从 NFL 退役后，罗西遵从着内心的声音。

他当了一名保镖，在罗伯特·肯尼迪遇刺期间英勇制服了枪手。后来，他又成为一名歌手，他的歌曲在榜单上排名第 128 位。此外，他还在洛杉矶主持过一档脱口秀。

谈到我最喜欢的，还是他满腔热忱地操起了刺绣。按他自己的话说，刺绣赋予了他内心的平静，消除了他对坐飞机的恐惧，还帮助他结识了不同的女性。

事实上，罗西因为热爱刺绣，还专门写了一本这方面的书。书名就叫作《罗西·格利尔写给男性的刺绣指南》。

这本书出版于 1973 年，至今还在长销不衰。

网上对《罗西·格利尔写给男性的刺绣指南》一书的评论赞誉有加，被评为 5 星级图书。罗西遵从着内心的声音，可以说是顺心而为！

现在，请花一分钟想象一下你是一名人高马大的橄榄球运动员。当你穿着3个加号的衬衫和3个加号的牛仔裤走进餐厅时，人人都对你侧目而视。而且，你的家里还悬挂着用框装饰起来的橄榄球服，摆着亮闪闪的奖杯。

再想象一下，退役后的你，一个身材魁梧的橄榄球运动员竟然出版了一本有关刺绣的书，封面上还赫然印着你在刺绣自己头像的照片！

读者的反应会是怎样的呢？《纽约时报书评》会如何评论呢？业内的朋友会如何对你打趣呢？别人又会问你什么问题呢？花一秒钟想一想吧。

接下来，请再想一想，假如网上有人这么评论你的书，又恰巧被你读到了，你会做何感想呢？

这本书是我买给邻居家的那个喜欢挑战刺绣和针织的年轻朋友的。这个11岁的男孩希望感觉到刺绣对男孩是不足为奇的；作为男人，刺绣就如同是上天赐予的一件完美礼物。此外，他的弟弟又酷爱橄榄球。所以说，格利尔的书将这两种兴趣完美地结合到了一起。这本书使这两个年龄分别为7岁和11岁的男孩明白了，了解艺术、创造艺术也是一件很男人的事。

第三节

幸福是所思、所言、所为的完美结合

这就是做自己的巨大力量。这就是顺心而为的奇妙感觉。

起初兴许会感到有些别扭，但最终的感觉却总是舒心的。

玛丽莲·梦露曾说过：“不完美即是美，疯子即是天才。和无聊至极相比，我宁愿选择荒唐至极。”

特蕾莎修女也说过：“诚实、透明使人脆弱。但不管怎样，还是做个诚实、透明的人吧。”

《爱丽丝梦游仙境》中的疯帽子问道：“我是不是疯了？”爱丽丝答道：“恐怕是这样的。你已经完全疯了。不过，让我告诉你一个秘密吧：最棒的人都是疯子。”

做自己吧。

做自己并欣然接受这一点。

接纳你的好与不好；接纳你的恐惧与热情；同时还要接纳你的爱人与仇人。

知然后行，行然后爱。

与自己的关系才是人生当中最为重要的人际关系。

与真实、古怪、本真的自己和谐相处绝非易事，但这却是实现坐拥一切最行之有效的方式。

下面，让我们谈谈其中的原因吧。

在和我聊过天的过程中，许多体力、精力严重透支的C级高管、金融从业者和职业演说家都告诉我，尽管累得筋疲力竭，他们上班时……还得装出一副精力充沛、趾高气扬的模样。

他们认为：可观的薪水值得他们在其职、谋其事、尽其责。但现实和理想的错位无形中会加重无聊的不幸福感。

而内心和思想也会对价值产生疑虑。这种头脑的短路——也被称之为认知失调——可不是筋疲力竭那么简单，而是非常危险的。说到原因，**是因为在这种情形下，独特的自我感已然到了被淹没的边缘。**

独特的自我感是在漫漫的夏日、繁星点点的暮光梦境、露营时的促膝长谈和与优秀团队的精诚合作中日积月累逐渐形成的。

而如今，它却处在即将被有如漫天狂沙的文化期待所掩埋的险境之中。你就要忘了真实的自己了。

拉尔夫·沃尔多·爱默生说过：“在一个时时刻刻都觊觎着改变你的世界，保持本真的自己是一种无与伦比的伟大成就。”

但要真正做到这一点，并不是随随便便就可以实现的。

那我们为何还要趋之若鹜呢？

以甘地（Gandhi）为例，他对幸福可谓是了如指掌。出于对个人、对国家负责的考虑，他大力奉行无欲无求＋竭尽所能＝坐拥一切的理念。

“幸福是所思、所言、所为的完美结合。”

再重复一遍。

“幸福是所思、所言、所为的完美结合。”

这就是本真的终极目标，实现思想、语言、行动的三位一体。就如同遥控器上的外壳，随着塑料啪嗒的一声，胳膊、腿、大脑随即完美地构成了一体。

做自己是通向幸福的必经之路。

但我们该如何真正地做到这一点呢？

第四节

找到真我的三种测试法

比如说你很自信。

但并不总是如此，而是大多数时候都很自信。因此，你并不总是能够做真正的自己，即使你以前的确实现过这一目标，也具有这样的能力。

现在，你希望倾听一下内心的声音，找到真正的所爱，做回真正的自己。那么，你该如何费尽心思地找到真正的自我呢？

在认真研读过哈佛的远景设想练习、参加过无数的公司高管静修班、翻阅过枯燥无味的领导力教科书之后，我终于发现了找到真我、保持真我的三种绝佳的测试方法。谈到这三种方法，我至少每年在自己身上使用一次，而且还将它们分享给了无数的领导者。

具体如下：

1. 周六上午测试法

   周六上午无所事事时，你会干些什么呢？

   真我会告诉你答案……

2. 椅子测试法

   当你置身新的环境时，你感觉如何呢？

真我将引领着你找到答案……

3. 五人测试法

和你最意气相投的五个人是谁?

真我就是这五个人的平均值……

周六上午测试法

首先，提一个讨厌的问题吧。

“长大后，你的梦想是什么？”

对这个问题，我的心里是很没底的，因为它犹如幽灵般凌驾在我们的生活中。

比如，专业职称、名片以及注明工作头衔和突出业绩的履历，这些都是很重要的东西！

但这种筛选和划分也存在一个弊端：很多人长大后将原本是多面、立体、复杂的自我硬生生地塞进了逼仄的小桶里，根本没有给个性的发展留有半点余地。

没有人知道他们终其一生究竟想做什么。真的，一个人也没有。在这个世界上，没有人是一落地就明确了专一目标，并且一辈子都为之矢志不渝地奋斗的。

你的身边有没有同事说过这样的话：“我是好马吃了回头草，重新入了这行的！”或者“我小的时候，从没说过想入这行。那时，我连有这一行都不知道！”

我的意思是说，世界上根本就不可能存在这样的事。怀有一个可以为之奋斗终生的宏大目标根本就不成其为是一个目标。

那什么才是呢？

生存的意义。

当下的目标。

还有清晨起床的理由。

周六上午测试法不仅可以帮助我们找到真正的兴趣所在，还可以帮助我们验证是否将这个兴趣最大化地融为了我们生活的一部分。

周六上午测试法就是你对一个简单问题的回答：

周六上午无所事事时，你会干些什么呢？

扪心自问一下这个关键的问题，思考一秒钟之后大声地说出你的回答。周六上午无所事事时，你会干些什么呢？去健身？还是录制自己的吉他弹奏？记下你给出的答案，然后天马行空地想象一下你会用何种方式去寻求这些源自你内心真实想法的梦想。

我相信，实现的方式肯定成百上千种。

喜欢健身？可以做私人教练、在棒球队执教、自愿参加步行团、办个瑜伽工作室、教体育、开一家营养品公司，等等等等。

喜欢录制自己的吉他弹奏？是不是可以通过在线教吉他，编曲、学习打碟或开一家乐器公司等方式呢？我遇到过幸福指数最高的人就是一名高中音乐老师，他决定开始进口、兜售并且教授尤克里里。

真我必将为这些真实的想法所痴迷。

此外，在工作中，这些想法同样可以使你变得更加充实、更加强壮、更加幸福。

戴尔·卡耐基说过："你对生活感到厌倦吗？那么，就全身心地投入到你所笃信的工作中去吧，为他而生并为他而死。如是，你就会收获你本以为永远都不会属于你的那份幸福。"

周六上午测试法要求我们贴近内心真实的兴趣所在，并以此丰富我们的工作与生活。

椅子测试法

我是在 1988 年 7 月 SHAD 的项目中结识弗雷德·塔特的。

在这期长达一个月的高中生优等生夏令营中，温哥华是我们的大本营。其间，我们这些高中生聆听了天体物理学的讲座、实地考察了粒子加速器还在英属哥伦比亚大学的滨海校园里参加了一些长时间的对话活动。

天才一般是很难认出来的，但弗雷德在我这儿却是有据可查的天才——思路清晰、目光敏锐，对世界有着犀利的看法。

我知道他终有一天是会有所成就的，但当时我 18 岁，他 17 岁。后来，随着我们上了不同的大学，忙于各自不同的生活，那份亲密无间的友谊就被束之高阁了。

时隔多年后，我在谷歌上搜索了他的信息，发现他在纽约的一家投资银行任职。于是，我就冒昧地给这家公司打了电话，礼貌地请接线员将电话转接到弗雷德·塔特的线上。

当弗雷德拿起他办公室的电话听筒时，我脱口而出道：“嗨，弗雷德，我是尼尔·帕斯瑞查。”这是一次简短的电话寒暄。我计划专程飞纽约一趟，待上一整个周末和他聚一聚。

我的大学四年是在女王大学度过的，而弗雷德上的是普林斯顿大学。我们都很热切地希望知道对方这些年的人生经历。叙旧时，我们花了整整一小时在自然历史博物馆寻找蓝鲸的标本。

“你当初怎么会报了普林斯顿呢？”我开口说道。“我的意思是说，你这么聪明，为什么不选哈佛、耶鲁、康奈尔或哥伦比亚大学呢？”

“嗯，我的确很幸运，有一些选择的机会”，他谦虚地咕哝着。“我不知道该何去何从。所以就发明了一种测试法，帮我做决定。我给它取名叫椅子测试法。”

“这么说吧，我觉得我可以花 200 美元租一辆吉普，租上一个星期。我深知这个决定远非 200 美元所能比的。所以，我就租了一辆吉普，开车到哈佛、耶鲁、普林斯顿、布朗、达特茅斯和哥伦比亚大学挨个转了一圈。

“每到一所校园，我就会到处走走看看，在校园的中心地带找到一把椅子坐下。然后，我就会在那儿待上一小时，听听旁边人的谈话。

“我观察着校园里的学生，倾听着他们的聊天，不为别的，主要是为了了解他们谈话的方式还有什么是他们所看重的，什么又是他们所为之兴奋的。”

“是什么使你决定这么做的？”

弗雷德继续道：“嗯，我是这么想的。在今后的四年里，我大部分的时间都将重复着我所听到的内容。

“一周撑死了 20~30 小时的课。其余的时间则用来交朋友、在去教室的路上闲谈还有制订大学的计划。

“总体上讲，这四年里聊天占用的时间将意味着我的大学生活是如何度过的。故此，我希望通过学生的谈话，了解这所大学是否适合我。

“我努力倾听着内心的声音，希望在真我的指引下做出正确的抉择。”

这次谈话给我留下了深刻的印象。

上大学的人，我差不多认识有数百名吧。但据我了解，他们中的大多数在选择大学时，基本上都是通过浏览网站、参观校园以及查阅馆藏图书——花上数小时时间翻阅相关图书研究对比该大学的优缺点——等方式进行的。比如，我本人就是如此。

但椅子测试法则简洁明快得多。弗雷德并没有咨询别人的建议。他知道，这些人给出的意见都是基于他们的个人经历，对他不具有太多的参考价值。

同时，他也没有大费周折地去参观校园里的著名雕像和时新的跑步机。大学指南手册上的学生人数统计和 SAT 的成绩排名，他当然也没必要细心去读。

这一切都不是他关心的。

他所做的仅仅是在校园里的一张椅子上坐了坐。

椅子测试法对弗雷德是奏效的。这是因为**他将自己完全沉浸在想要**

测试的新环境里，然后耐心地观察着他对周边环境的真实反应。

这就是椅子测试法的精髓所在，即将自我放在新的环境里待一段时间，以测试环境与自我的契合度。

可以将椅子测试法用在其他的地方吗？当然没有问题！工作面试时，可以称其为办公室测试法；置业时，它就是人行道测试法；健身时嘛，自然就是跑步机、淋浴间测试法喽。

想象一下去新公司参加面试吧。你急切地希望了解公司的企业文化和工作环境。那么这时候，你该怎么办呢？是不是直接问面试官："公司的企业文化是什么呢？"

这么做就错了。我在面试别人的时候，就经常会听到这样的问题。但这种方式就如同从书本里了解一所学校、在教室里学习开车。这都是纸上谈兵。你真正需要的是走进办公室，亲身感受企业的文化。

具体该如何做呢？

试试办公室测试法吧。

面试结束后，在事先征询面试官同意的前提下在办公室里逛上 5 分钟。

也许，你没有椅子可坐，但却可以看到需要了解的一切。

我永远都无法忘记面试时第一次参观沃尔玛总部的经历。

当时，我置身熙熙攘攘的前台，坐在一把廉价的、快要散架的旧椅子上，观察着形形色色的员工。有的 50 多岁，满面笑容；有的 30 岁上下，打扮得花里胡哨的；还有长着娃娃脸的大学毕业生，行色匆匆地进进出出。

这就仿佛是一张活生生的办公室百态图。没有矫揉造作的华丽服装，各个年龄层次的人都有，说的都是老百姓平时说的生活用语。

沃尔玛的墙上到处都贴着标语！

公司的宗旨刻意用的是黑体字以示突出：帮顾客节省每一分钱。从这句话前走过时，我心中顿生敬意。因为沃尔玛很清楚他们在做什么，而且还将这种理念提到了台面上。

而且，墙上还有公司的历史沿革图，“排名前 5 位和排名后 5 位的供应商”排名；剪贴图上是“今日股价”和“明天在你手中”的标语。

参观时，带领着我的是面试官安托瓦妮特。我们穿过了一段长长的走廊，又沿着楼梯拾级而上。

我们一边走，她一边喊着每个人的名字向他们打招呼，每个人也都如是向她问好。我感觉就像是走在红毯上一样。“1000 名员工，你是如何记得每个人的名字的呢？”我问她。

“这很简单”，她答道。“公司有一条 10 英尺规定：凡是离你 10 英尺之内的人，都得向对方打招呼。这完全是基于在超市里对待顾客的方式制定的。另外，我们的工牌上都印着各自的名字，用的都是大号字体，挂在衬衫衣领上很容易看清。这和派对上的名签是一个道理，只不过我们时刻都会佩戴着罢了。”

这种企业文化并不是每个人都喜欢。

但却很对我的胃口，我立马就喜欢上了。

直言之，椅子测试法就是将自我沉浸在新的环境中并观察你对陌生环境的反应以确保你的决定是顺应内心的真实想法的。

你的朋友是你的世界塑造者

“同伴就是坐在你身边的五个人。”

我在哈佛讲授领导力的教授总是这么说。他这话是什么意思呢？

同伴指的是你团队里的五个人，每天与你共进午餐的五个人，还有告诉你关于同伴的一切的五个人。决定你对同伴看法的是他们，帮助你表达出你对同伴看法的也是他们。

“你的朋友是否正在使你变胖呢？”《纽约时报》向读者提出了这么一个问题。同时，刊登了一篇文章和几项研究成果给出了问题的答案：我们的体重和朋友的体重是息息相关的。

和胖人混在一起？你就会变胖。假如你的朋友也和胖人混在一起呢？那他们也会变胖。这的确是个残酷的现实。

还有一些研究表明你的身高和颜值是你朋友的平均值。难怪一对老夫妻会有夫妻相呢，甚至还有人和他们家的狗长得很像！

研究人员尼古拉斯・克里斯塔吉斯和詹姆斯・福勒在他们合著的畅销书《大连接》写道：“我们发现，假如你的朋友的朋友的朋友体重增加了，你的体重就会增加；我们还发现，假如你的朋友的朋友的朋友戒烟了，你也就会戒烟；最后，还有一个发现是，假如你的朋友的朋友的朋友幸福感提升了，那么，你的幸福指数也会提高。”

畅销书作家詹姆斯・阿尔图切尔在他题为《五的力量》的文章中又进一步延伸了这一观点：“你就是你身边的五个人的平均值……你就是

对你启发最大的五种事物的平均值……我的想法就是我所考虑的五件事情的平均值……我的身体和思想就是我‘摄入’的五种东西的平均值……我就是每天助人为乐办的五件好事的平均值。”

请时刻谨记：你就是你身边的五个人的平均值！你的智商是他们的平均值，你的长相是他们的平均值，你的积极性是他们的平均值，你的创造性是他们的平均值，你的抱负也是他们的平均值。

那么，究竟什么是五人测试法呢？

找找看谁是和你最意气相投的五个人，记住，你就是他们的平均值。

你就处在他们的中间位置。

想知道你的积极性是多少吗？算一下和你相处时间最长的五个人的态度的平均值就行了。

想知道你的领导力有多强？那就算一下和你关系最密切的五位同级别领导者的领导力的平均值。

想知道你的自信心水平？就再算一下和你玩得最好的五位朋友的自信心的平均值。

当然，这个平均值只是个大约的数字，但五人测试法还是可以告诉我们……对自我的定义。这是三种可以用以找到真我的测试法之一。

诚如心理学创始人威廉姆·詹姆斯所言：“不管你身处何地，你的朋友都是你世界的塑造者。”

第五节

临终病人的五大遗憾

布罗妮·威尔是澳大利亚一名多年从事临终关怀的护士。她护理的病人都只剩下人生中最后三个月的时间了。“当他们被问及还有什么遗憾或者假如一切可以重来，在一些事的处理上是否会做出不同的选择时”，她说道，“他们给出的答案竟是惊人地相似”。

最终，她将病人临终前的五大遗憾汇总到了一起，发到了网上。她的帖子被疯狂转载，并被《卫报》《每日邮报》等各大报刊纷纷报道。

那么，什么是她从临终病人口中反复听到的五大遗憾呢？是赚的钱不够花？工作的时间不够长？享受的假期太少？还是房子不够多？

不，都不是。现在就让我揭晓答案吧。这五大遗憾分别是：

1. 没有追求自己真正想要的生活，而是活在别人期望的生活中。
2. 花太多的时间在工作上。
3. 没有勇气表达自己的真实感受。
4. 没有和朋友时常保持联系。
5. 没有让自己活得更加快乐。

每每看到这些的时候，我都会惊愕地沉默半晌。我就在想，假如我今天死了，会背负几件这样的遗憾呢？总有那么几件是还来得及补救的吧。

这份清单无疑对我是一种启发和启示。除此之外，我还留意到，这五大遗憾都和本真有关，而且是直接相关，全都关乎的是做真实的自己。

那么，做自己并欣然接受这一点会如何呢？我认为，起码会有如下的变化：

你就会过上真正想要的生活。

你就会赋予时间更多的价值并找到一份适合自己的工作。

你就会表达自己的真实感受。

你就会时常和朋友联系。

你就会让自己活得更加快乐。

总而言之，**做自己可以使生活不留任何遗憾。**

本真可以使生活不留任何遗憾。

以下是《卫报》上刊登的布罗妮补充的几点观察。请注意一下它们和本真之间千丝万缕的联系。

“没有追求自己真正想要的生活，而是活在别人期望的生活中——这是反映最普遍的遗憾。

“在人意识到生命垂危、终于看明白了自己的一生时，是很容易看到尚未实现的梦想的。

“大多数人甚至连一半的梦想都没能完成。他们深知这一切都是个人当初的选择造成的，他们必将为此抱憾终生。

“许多人为了与人为善刻意压抑内心的真实感受。结果，他们一辈子都一事无成，永远都无法成为他们有能力成为的人。许多人得病就是因为背负了太多的痛苦和悔恨。

“没有让自己活得更加快乐——有这种遗憾的人出乎意料地多。许多人到死都还不明白幸福其实是可以选择的。

“他们固守着旧有的生活方式和生活习惯。那种所谓的熟悉的‘安逸’在控制了他们情感的同时，也控制了他们的生活。

“对变化的恐惧使他们不敢以真实的面目面对别人、面对自己，自欺欺人地活在令人满意的生活中。

“而在内心深处，他们真正渴望的却是能够像以前一样发自内心地放声大笑，在生活中冒冒傻气。”

第六节

你必须对自己忠诚

没有什么比真实地活着更令人心满意足了。因为你永远都无法成为别人。

印度教的圣书《薄伽梵歌》上说，**与其完美地模仿别人的生活，倒不如不完美地过上天为自己安排的生活。**

披着华丽的伪装就意味着要将精力投入到你认同的那个人身上，然后亦步亦趋地将那个人演出来。你累不累呀？

用电脑打个比方，这就好似每有人路过，就要费劲巴力地换一张漂亮的屏保，是既浪费时间，又耗费精力，而且还有悖你真实的愿望和理想。

妄想鱼与熊掌兼得则更是不可能的。别忘了，这世界上根本就没有真正的多任务处理这回事。

和别人初次见面时，是很难见识到对方真实的一面的。这恰如克里斯·洛克所言："和某人初次见面时，其实并不是在和他们见面，而是在和他们的替身见面！"

除非是交往一段时间了，不然的话，一见面就将自己真实的一面毫无保留地展现给对方真的是难能可贵的。

我认为，**一定要将内心深处的自己展现得一览无余**。奇怪就是奇怪，随性就是随性。总之，做自己并欣然接受这一点吧。

你是不是认为做到这一点很难呢？你这么想就对了。的确是相当难。

这就像安东尼·德·圣·埃克苏佩里所说："对自己坦诚是极难极难的，对别人坦诚反而还要容易些。眼睛是无法辨别真假的，唯有用心才能看得真切。"

恰克·克洛斯特曼说过："我真诚地相信，我这一代人是鄙视本真的，大部分的原因在于他们对此心存妒忌。"

赫尔曼·黑塞在《悉达多》里如是写道："我所能说的不会有什么价值。不过，也许您追寻过多，也许您追寻的结果是无从寻见。"①

但假如你找到了，假如你发现了真我并且将它真实地展现了出来，就会得到无与伦比的回报。

关于这一点，埃克哈特·托利就说过："实现真正的自我才是解放自我的不二法门。"

一则古老的非洲格言也说："心无敌、天地宽。"

莎士比亚还说过："尤其要紧的，你必须对你自己忠实，正像有了白昼才有黑夜一样，对自己忠实，才不会对别人欺诈。"②

---

① 《悉达多》的译文，引自黑塞【德】：《悉达多》，杨玉功译。上海：上海人民出版社，2008年。此处的译文见该书第135页。——译者注

② 《哈姆雷特》的译文，引自莎士比亚【英】：《莎士比亚全集》第三卷，朱生豪译。北京：当代中国出版社，1997年。此处的译文见该书第16页。——译者注

还记得那种关于自信的图吗？唯有对自己和他人都给予高度评价的人才能找到真正的自己。

还记得那三种测试法吗？周六上午测试法、椅子测试法还有五人测试法。它们将给你指明正确的道路。

反过来说，要是你不能将真实的自我展现在世界面前又会是什么样的呢？

这样的话，你可能永远都无从知晓有谁会爱那个隐藏起来的自己。

所以，勇敢地做自己吧。

幸福至上

从我出发

莫忘变数

拒绝退休

赋予自我更多的价值

创造空间

只管去做

做自己

小时候，我总是对附送神秘歌曲的音乐专辑情有独钟。

你懂的。全部歌曲放完后，唱片还在转着，5 分钟后突然又从音箱中放出一首歌。这是一首什么歌呢？歌词又是什么呢？唱片封套上怎么没有呢？

但就是什么都没有。

既没有歌名，又没有歌词，就是单纯的一首歌。

对我而言，神秘的歌曲就像是整个专辑的一面镜子，但却又不同于专辑里的其他歌曲。久而久之，越来越多的艺人开始在专辑中收录神秘的歌曲。像披头士乐队、涅槃乐队和酷玩乐队都是如此。

可到目前为止，我还从未读到过任何一本有神秘章节的书。

不仅目录里找不到这一章，连索引里都没有任何的相关信息，甚至页码都没有，完全是在和读者躲猫猫。

而且，这一神秘章节并不单纯是关于个人的，它还关乎着你和你生活中的另一半的关系。所以，我将这一章单独拎了出来，以区别于其他的章节。

这一章？

可是小章节、大不同哦。

共同幸福法则

在生活中80%的时间里，我的心态都是积极的。怀着舒畅的心情享受着幸福的时光，感觉生活中的一切都是美好的。

我敢打赌，你肯定不想看到我另外的一面。在剩余那20%的时间里，我郁郁寡欢、垂头丧气、消极悲观。

我当然希望我的生活能够100%的幸福。可世界上似乎还没有出现过这样幸运的人。我并不是说这是完全没有可能的！只是很难罢了。

还记得幸福之路的最大障碍是什么吗？还记得贪婪文化与知足文化的对垒吗？

能够在大部分的时间里享受幸福使我感到无比幸福。七条幸福的妙招帮助我具有了积极正面的心态。

那么，莱斯莉的幸福感如何呢？在生活中80%的时间里，她的心态也是积极向上的。她总是精神饱满、趾高气扬、幸福感十足。她迷人的微笑能够使家里充满幸福的喜悦。

俗话说，人无完人。她自然也有情绪低落的时候。又有谁不是呢？但她的确是我所遇见过的幸福感指数最高的人之一。我喜欢她陪伴在我左右时的那种感觉。

话说回来，这两个百分数究竟有什么用呢？

帮我们解数学题呀！

没错，这个感叹号就是为了使你对数学产生兴奋感。我希望这能有所帮助。事实上，数学关乎的是整个世界，它是一切的基础。

家具、汽车、禽鸟飞行、倒啤酒的角度以及发光的星星都是以数学为基础的。数学好不好和喜不喜欢数学之间并没有必然的联系。

还有个好消息就是这道数学题你连计算器都用不着。只消看一张表格，算数的部分全权由我代劳。

那么，我们的幸福比率为何如此重要呢？

请问，在我和莱斯莉的幸福比率均为 80% 的情况下，我们俩共同的幸福比率是多少呢？64%。这个数字是怎么得来的呢？80% 乘以 80%，得到的结果就是 64%。所以说，我们俩共同的幸福比率为 64%，占到了全部时间的三分之二！

在这期间，我们俩都是满面春风、彼此恩爱、心情愉悦。生活充满了乐趣，每一个瞬间都是难能可贵的，一切都进行得井井有条。这就是所谓的好日子、好时光，是生活中最温馨、最惬意的时刻。

算完了幸福的比率，那么，我们俩心情都很差的比率是多少呢？答案是 4%。因为两个 20% 相乘得出的数字就是 4%。

这段生活绝非是风景如画的桃花源！在这段心情低落的黑暗期，可别指望谁会给谁送去欢乐、带去幸福。幸运的是，这只占生活中很小的一部分，仅仅是 4% 而已。

这意味着什么呢？

也就是说，在我们共同生活的 32% 的时间里，有一方是快乐的，而另一方则是不快乐的，总共占去了我们家庭生活的三分之一！

在这三分之一的时间里，一方的情绪是可以感染另一方的。要么是心态积极的一方将另一方从低落的情绪中唤起，要么是情绪低落的一方将另一方拖入泥潭中。

大部分的夫妻或者恋爱者都会觉得这一数字很高。你可以以此方法计算一下你的家庭生活究竟是如何的。这一数字为什么这么至关重要呢?

因为你需要马上问你自己一个非常重要的问题。

而且必须如实回答。

你和你的另一半的幸福比率分别是多少呢?

假如你还是单身，那么可以将另一半换成是老板、室友或者是你的兄弟姐妹，反正是和你最亲近的人或者是对你的心情影响最大的人就可以了。

你可以借助下面这张图表对照一下你的实际情况。

自己的幸福比率

另一半的幸福比率	0%	10%	20%	30%	40%	50%	60%	70%	80%	90%	100%
0%	0%	0%	0%	0%	0%	0%	0%	0%	0%	0%	0%
10%	0%	1%	2%	3%	4%	5%	6%	7%	8%	9%	10%
20%	0%	2%	4%	6%	8%	10%	12%	14%	16%	18%	20%
30%	0%	3%	6%	9%	12%	15%	18%	21%	24%	27%	30%
40%	0%	4%	8%	12%	16%	20%	24%	28%	32%	36%	40%
50%	0%	5%	10%	18%	20%	25%	30%	35%	40%	45%	50%
60%	0%	6%	12%	18%	24%	30%	36%	42%	48%	59%	60%
70%	0%	7%	19%	20%	28%	35%	42%	49%	56%	63%	70%
80%	0%	8%	16%	24%	32%	40%	48%	56%	69%	72%	80%
90%	0%	9%	18%	27%	36%	45%	59%	63%	72%	81%	90%
100%	0%	10%	20%	30%	40%	50%	60%	70%	80%	90%	100%

请比对一下你的幸福比率和另一半的幸福比率相交的那一栏中的百分比是多少，就得到了你们俩共同的幸福比率。请牢牢记住这个数字或者赶紧用笔记下来！

接下来，你们俩心情都很差的比率又是多少呢？这段时间是极其艰难的，对你们的生活充满了挑战。两人之间会时常发生口角和摩擦，备感生活的压力。

这时，你仍然可以依照上述的方法借助那张图表计算你们俩都不开心时的百分比。然后，同样将这一数字记在脑海里或是抄在什么地方！

有了共同的幸福比率和共同的不幸福比率，那剩下的那部分时间是什么呢？在这期间，一定是一方幸福，另一方情绪低落的。

反正这么说吧，要么是你的情绪影响对方，要么是对方的情绪影响你。要想算出这个数字，就必须用到你们各自的幸福比率。具体怎么算呢？那就要用到第二张图表：

显示的就是剩余时间的比率数！

自己的幸福比率

另一半的幸福比率	0%	10%	20%	30%	40%	50%	60%	70%	80%	90%	100%
0%	0%	10%	20%	30%	40%	50%	60%	70%	80%	90%	100%
10%	0%	18%	26%	34%	42%	50%	58%	66%	74%	82%	90%
20%	0%	26%	32%	38%	44%	50%	56%	62%	68%	74%	80%
30%	0%	34%	38%	42%	46%	50%	54%	58%	62%	66%	70%
40%	0%	42%	44%	46%	48%	50%	52%	54%	56%	58%	60%
50%	0%	50%	50%	50%	50%	50%	50%	50%	50%	50%	50%
60%	0%	58%	56%	54%	52%	50%	48%	46%	49%	42%	40%
70%	0%	66%	62%	58%	59%	50%	46%	42%	38%	34%	30%
80%	0%	74%	68%	62%	56%	50%	44%	38%	32%	26%	20%
90%	0%	82%	74%	66%	58%	50%	59%	42%	34%	26%	18%
100%	0%	10%	20%	30%	40%	50%	60%	70%	80%	90%	0%

以我和莱斯莉为例，我们俩共同的幸福比率是 64%，共同的不幸福比率是 4%，那么，互为影响的部分就是 32%。

找到你的这部分比率后，你能发现什么呢？

陪伴我们的人对我们的幸福感有着极大的影响。比如说，如果我自己的幸福比率是 80%，而我另一半的幸福比率只有 50%，那么我们互为影响的部分所占的比例就会猛增至 50%，比率竟高达我们共同生活时间的一半！

想想看吧，一半的时间都在相互博弈啊！要知道，我自己的幸福比率可是 80% 啊，你知道这种影响的厉害了吧。

还记得五人测试法吗？

你就是你身边的五个人的平均值。

但假如参与平均的只有你最为亲近的人，那么你被平均下去的值就会更多。

换言之，你对你另一半的情绪和精力的影响都是很大的（**或者说，你投入了大量的精力影响你另一半的情绪和精力**）。

从中，我们可以受到什么样的启发呢？

找一个和你的幸福指数旗鼓相当或者比你的幸福指数还要高的伴侣至关重要。假如你的伴侣就是这样，那就太好了，你可以随心所欲地奉行幸福至上的原则，即第一条秘诀。

但若非如此，总是逗对方开心也是很累人的哟？所以，好好想一想，你的伴侣究竟是提高了你的幸福指数呢，还是拖了你的后腿呢？

秘诀之九

千万不要采纳任何建议

第一节

几乎所有的建议都是相互矛盾的

《不需要额外补充钙和维生素 D》

在浏览《纽约时报》“被电邮转寄最多”的文章时，该题目吸引住了我的眼球。

在这篇文章中，我发现，医学研究所——美国和加拿大政府联合成立的一家独立的非营利机构——是研究了 1000 种公开发行的出版物后才得出这一结论的。

顿时，一种自我良好的感觉油然而生。我没有额外补充任何的钙和维生素 D。现在看来，也没有这种必要了。

于是，我又点开了《多伦多星报》的网站，浏览了一会儿。

又一则标题吸引住了我的眼球：《保养身体、补充维 D》。另一项研究，另一篇文章，但却是完全迥异的观点。

这两份报纸都是发行量最大的报纸，且都是家喻户晓。但这两篇刊登在头版头条的文章给出的建议却是如此地截然不同。

我该听谁的呢？突然间我感到了不知所措。

万一所有的建议都是矛盾的可如何是好呢？

“不要采纳任何建议”

我记得这是一位首席执行官跟我说的话。当时，我告诉他，并不是所有人都喜欢新的公司会议。听了他的话，我就直勾勾地注视着他。不要采纳任何建议？不是开玩笑吧？

“你事先做了充分的调研，会议全权归你负责，你用不着为别人的想法担忧。”他说道。

“决策权都在你手里。记住，所有的建议都是相互冲突的。只要你想，你就可以任意曲解一条建议为你所用。你听说过 97% 的癌症患者都是吸烟者，但 97% 的吸烟者不会患上肺癌的说法吗？”

我一脸茫然地看着他。不知道这是真是假，但想了想后我终于弄明白了。他这是在考验我。他一贯如此。

“你一定要有自己的主见。我的建议是富有创见性地对一切建议置若罔闻。你可以听听别人的建议，但最终拿定主意该怎么做的还得是你自己。”他沉默了一会儿，又重复了一遍他刚才的话。

“不要采纳任何建议。”

第二节

千万不要采纳任何建议

一边浏览报纸网站上截然相反的文章标题，我就一边在问自己："最为普遍接受为真理的建议是什么呢？"幸福至上？从我出发？还是莫忘变数？都不是。那么，什么又是三教九流无人不知、无人不晓的建议呢？

我突然想到：答案不就是那些陈词滥调吗？

被重复了无数遍的建议自然是广为流传、尽人皆知。比如，滚石不生苔、一鸟在手胜过二鸟在林，再比如，事实胜于雄辩。这些陈词滥调，哪一个我们不是烂熟于胸呢？然而，什么是陈词滥调呢？

陈词滥调：一种被视为或曾经被视为是有意义的并因此而被使用或滥用的说法或思想。

我还了解到，陈词滥调一词的拉丁文源自法语，原指的是旧式印刷机上的一块金属的印版，又被称为是铅版。随着时间的推移，常用的说法就被刻在了一整块金属版上，不再像以前那样需要一个字母一个字母地拼接。所以，陈词滥调就是经常在一起使用的若干词的组合。

明白了陈词滥调的概念，我就开始查阅相关的内容。

例如，历时历代皆受到广为流传的建议。

我竭尽所能地搜集了很多。

猜猜看我发现了什么？

原来许多陈词滥调也是相互矛盾的！

所以说，在接受建议这件事上，存在的最大的问题是什么呢？

那就是，没有哪一条建议是绝对可靠的。

真的，一条都没有。

对素食主义者而言，根本就无所谓什么林中之鸟的建议；不戴帽子的人，何谈挂帽子呢？一无所有的人，又怎么上银行或网上银行存钱呢？

由此可见，**这世界上压根就没有放之四海而皆准的建议。**

这多么令人不安啊！

证据究竟何在呢？

防守赢得冠军。	进攻是最好的防守。
物以类聚，人以群分。	不是冤家不聚头。
活到老，学到老。	老狗学不会新把戏。
人靠衣服马靠鞍。	人不可貌相。
小别胜新婚。	眼不见，心不烦。
不入虎穴焉得虎子。	谨言慎行不吃亏，轻率莽撞必后悔。
便宜没好货。	生活中最美好的事物都是免费的。
好东西总是留给愿意等的人。	早起的鸟儿有虫吃。
言语胜于刀剑。	事实胜于雄辩。

这表明，即使是老掉牙的陈词滥调在其对立面前同样是不堪一击的。

所以说，所有建议都是相互矛盾的！

你是否有过择校的经历呢？你有没有注意到仁者见仁、智者见智的现象呢？别管这些了，还是遵照椅子测试法，听从你内心真实的声音吧！

你告诉过别人给孩子起的名字吗？这可不是什么好主意。各种各样的建议会把你烦死的。

在下一份工作的问题上，你是否征询过别人的建议呢？是升迁、跨部门还是直接跳槽呢？每个人都会给出不同的提议，具体的去向和业务更是五花八门。

最近，我的一位朋友宣布她要辞职。听了她的决定后，有些人认为："这主意真是太棒了，离开了这儿，你总算是自由了！"但另一些人的意见却不同，劝她道："别傻了！这份工作打着灯笼都难找呢！"

请记住：任何建议所反映的都是提议者的想法，而非你自己的想法。

广告说的是一套，老板说的是另一套；父母给出的是一种说法，朋友给出的又是另一种说法。

此外，建议还是讲究时效性的。

比如，小心汽车、别吃虫子、请冲厕所。

聪明人对时机的掌握都很精准，他们知道何时该停止接受别人的建议，何时该倾听自己内心的声音。

任何能够引起你共鸣的陈词滥调、名言警句或者金玉良言都不过是与你原本就了解的常识相契合罢了。

查尔斯·瓦莱特早在 1872 年就写道：**"我们征询意见时，往往都是在寻找同谋者。"**

这句话一语道破了我们为何对待不同的建议时会有不同的态度。其实，人们之所以看报所持的也是同样的心理。

那么，说到底，最好的建议是什么呢?

就是不要采纳任何建议。

一切问题的答案都在你心中。

深思熟虑之后，拿定最好的主意就可以了。

奋勇向前，幸福地生活吧。

千万不要采纳任何建议。

最后

请永远牢记这三个目标。

无欲无求，就是满足。

竭尽所能，就是自由。

坐拥一切，就是幸福。

那么，帮助我们实现目标的九条秘诀又是什么呢？

幸福至上
从我出发
莫忘变数
拒绝退休
赋予自我更多的价值
创造空间
只管去做
做自己
不要采纳任何建议

假如你想在你所在的国家、公司或者学校继续创造幸福，欢迎你随时光临全球幸福研究院。

致谢

感谢大家。

生活就像是一连串的对话，而写作、出版这本书的过程就是我人生中最美好的一段谈话。我们共同思考、共同欢笑、共同成长。在此，我要真诚地感谢每一位使这本书成为可能的人。

首先，我要感谢普特南子孙出版公司和企鹅出版社出色的工作人员。我们在一起精诚合作，你们就是我最强大的支持团队。特别要感谢伊凡·海尔德，感谢你对本书提出的独特见解以及对我的信任。一路走来，真是精彩极了。

其次，还要感谢我的编辑凯瑞·考伦。肯定是上天派你来帮助我的，是你使我相信了命运的安排。感谢你巨大的支持、坚定的信念还有满腔的热情。你是全世界最棒的。我真的很喜欢和你一起工作。

再次，我要感谢我的经纪人埃林·马龙。感谢你总是精力充沛地帮我操持一切。我们的合作之旅简直过瘾极了，感谢你让我搭上了这班车。

我还要感谢演讲者聚光灯、华盛顿演讲者服务公司、拉文经纪公司和Hi-Cue的优秀团队，感谢你们将幸福的种子传遍了世界的各个角落。

一些伟大的作家和艺术家对我的启发也是不可言喻的，他们的热情感染了我，使我有足够的勇气勇往直前。感谢史蒂夫·托尔茨、莫欣·哈米德、大卫·米切尔、爱丽丝·门罗、查理·考夫曼、斯派克·琼斯、蒂姆·菲利斯、妮可·卡楚拉、雷恩·威尔森、比尔·沃特森、史蒂芬·马克摩斯、韦恩·科伊恩和马特·博宁格。

此外，我还要感谢曾给予我无私帮助和指导的朋友们。特别要感谢布莱恩·肖、弗朗西斯科·切法鲁、瑞塔·斯图尔特、加尔·布兰克、鲍勃·哈基姆、克里斯·韦斯特、普莱奇·贝尼特兹、阿戈斯蒂诺·马扎雷利、加里·约翰逊、麦克·琼斯和弗雷德·塔特。

感谢扎德·厄普顿的无限能量。

感谢弗兰克·沃伦的无穷智慧。

还要感谢凯文·格罗这个点子大王。

感谢每一个允许我在这本书中引用他们的漫画、诗歌、图画、文章、歌词以及想法的人。

感谢赐予我智慧和力量的那些书。同时还要感谢全世界所有那些默默无闻地为书的出版付出辛勤劳动的人，感谢阳光、树木、伐木工人、加工厂、作家、出版商、印刷工人、司机还有经销商。我真的很喜欢读书，感谢你们为书所做的一切。

感谢希瑟·莱斯曼对幸福矢志不渝的信仰。

感谢戴夫·奇怀特在我们的促膝长谈中给予了很多观点上的启发。你是我所认识的最棒的领导者。

感谢艾米·埃因霍温，是你对我的信任鼓励我成为了一名更好的作家。

感谢我的亲戚，是你们的爱与支持成就了今天的我。感谢鲍勃、琼、多娜、安、马克、玛尔还有詹妮。

感谢世界上最有激情的老师们，感谢你们为我所做的一切。我的父母、妻子都是老师。我亲眼见证了你们任劳任怨地塑造着精彩的人生。感谢一路走来给予过我帮助的所有老师，特别要感谢斯特拉·多斯曼、吉姆·奥尔森、谢拉·伊尔斯、克里斯·豪斯和安德雷·贝霍尔德。

感谢命运给了我这么好的父母、老师和国家。我们都为此感到庆幸，我觉得自己就是个幸运儿。

感谢我的家庭，不管我做什么，你们都是一如既往地鼓励我、支持我、信任我。妈妈，我爱你。爸爸，我爱你。妮娜、迪还有莱克西，我爱你们。

感谢莱斯莉，你是我的知己、缪斯和挚友。这本书中所有的观点、想法和图绘无一不是从我们的漫谈中衍生而来的。书中的每一页上都凝结着你的心血。我就是我的一切、我的所有，你对我而言就如同是无价之宝。我爱你。

最后，我还要再次感谢大家，感谢你们使这段美妙的对话成为了可能，感谢你们在狂野、神奇的世界中寻找幸福。所以，感谢你们、感谢此次合作、感谢一切的一切。

大家保重。再见。

鸣谢

本书部分引文征得了版权人的同意，特此鸣谢。

第 9-10 页：引自大卫·凯恩。

第 14 页：引自凯莉·奥克斯福德的推特。

第 16 页：《态度》的版权（1981、1982 年）归查尔斯·史温道尔公司所有。

第 62 页：照片版权归库福塞尔商标图片传媒公司所有。

第 80-81 页：《乔·海勒》一文使用权经小库尔特·冯内古特信托公司授权，受托人为唐纳德·C.·法伯。

第 82 页：《你无法总能得到你想要的东西》的词作者为米克·贾格尔和凯斯·理查德兹，由 ABKCO 音乐公司出版发行，版权归该公司所有。

第 99 页：这段话出自玛莎·谢里尔于 2011 年 10 月写给朱莉·皮蓬考特的私人信件。

第 106-108 页：引文及图表皆引自《退休中隐藏的目的与权力》。

版权（2007 年）归哈罗德·科宁所有。

第 110–121 页：威廉·赛菲尔的《向退休说不》原载在《纽约客》上。对本文的引用已征得海伦·赛菲尔许可。

第 114 页：《跌倒的幸福》，版权（2005 年）归丹尼尔·吉尔伯特所有。

第 158 页：引用妮可·卡楚拉的话均征得本人许可。

第 185 页：《速度、简单、自信：杰克·韦尔奇专访》一文引自 1989 年 9 月出版的《哈佛商业评论》，采访者为诺埃尔·蒂奇和拉姆·查兰。

第 188、202 页：《凯文的幻虎世界》版权归沃特森（1988、1992 年）所有。使用权已征得环球报刊辛迪加许可。

第 197 页：《呆伯特》版权（2011 年）归史考特·亚当斯所有。使用权已征得环球报刊辛迪加许可。

第 200 页：引自大卫·梅耶尔教授有关多任务处理的评论已征得本人许可。

第 225 页：有关对“运动服效应”的评论，版权归拉米特·塞提所有。

第 240 页：《罗西·格利尔写给男性的刺绣指南》一书的封面照片版权（1973 年）归罗西·格利尔所有。使用权已征得布鲁姆斯伯里出版公司许可。

第 248–249 页：有关弗雷德·塔特与本人的电话内容，使用权已征得弗雷特·塔特许可。

第 255-256 页：《临终病人的五大遗憾》的版权（2012 年）归《卫报》所有。作者为苏西·斯坦纳。

全球幸福研究院

全球幸福研究院致力于提高机构内部的幸福指数

了解更多内容，请浏览我们的网站

免费工具：本研究院为所有的经理人、领导者以及企业团队提供免费的工具，帮助他们评估、解决与职业、团队协作、幸福感相关的一切问题。

演讲：在每一年的巡回演讲中，尼尔·帕斯瑞查都会给哈佛大学的院长、中东的皇室家族这样的高端听众带去有关管理精力的精彩故事和经典范例。求新求变、营造幸福是他的制胜法宝。

图书：尼尔·帕斯瑞查迄今出版的五本畅销书皆以正念和幸福为主题，在全世界行销达上百万册。部分章节，欢迎免费下载与分享。

欲免费获取《重塑自我：如何成为一个很幸福的人》的关键内容，请登陆 www.globalhappiness.org

幸福生活的公式是什么?

尼尔·帕斯瑞查，哈佛大学工商管理硕士、沃尔玛公司高管、《纽约时报》畅销书作家，现已结婚并有了一个孩子。他所创作的《生命中最美好的事都是免费的》系列图书销量高达上百万册。如今，他关注的焦点发生了转向，从以前的观察生活过度到了对生活的指导。

在《重塑自我：如何成为一个很幸福的人》中，尼尔详细阐述了如何实现无欲无求、竭尽所能、坐拥一切。假如你觉得这三者是自相矛盾的话，那就说明你还没有解开这九条通向幸福的密码。

尽管每一条密码都是以人所熟知的常识为基础，但却都被赋予了崭新的光辉。此外，书中一目了然的指导原则和生动形象的手绘图画还具体阐释了该如何应用这些秘诀并收获幸福的生活。

听起来是不是感觉有些矛盾呢？也许吧。但要说到颠覆，那绝对是如此。

《重塑自我：如何成为一个很幸福的人》将帮助读者解决以下问题：

· 为何成功与幸福无关

· 如何赚得比哈佛大学的工商管理硕士还多

· 什么是周六上午测试法、椅子测试法和五人测试法

· 为何说多任务处理是个神话

· 如何说在选择中少即是多

《重塑自我：如何成为一个很幸福的人》是一本将彻底改变你思维方式的书，它会彻底颠覆你对时间、事业、人际关系、家庭以及自我的传统观念。

尼尔·帕斯瑞查是《纽约时报》畅销书《生命中最美好的事都是免费的》系列图书的作者。该套图书行销 10 多个国家，位居畅销书榜单达 5 年之久，销量超过上百万册。帕斯瑞查还具有哈佛大学工商管理硕士学位，是最受欢迎的 TED 演讲人之一，同时，他还创立了全球幸福研究院。在过去 15 年的时间里，他致力于培养领导力，在全球最大的公司拓展全球项目，并给全世界数以几十万的听众做过演讲。目前，他和妻儿居住在多伦多。